F-2
FANBOOK

洋上迷彩と呼ばれる日本周辺の海の色をまとった F-2 は、シャープな外観と迫力のあるエンジン音、鋭い機動を見せてくれる国産の戦闘機です。

日本で独自に、新たな戦闘機を生み出すために、フライバイワイヤや複合素材の一体成形による主翼などの基礎技術を積み重ねていたところに、日米共同開発という政治的判断が下され、それまで採用のしたことのないジェネラル・ダイナミクス社製の F-16 を原型とすることになるなど、紆余曲折を余儀なくされました。

しかし、現在の F-2 の姿をみていくと、F-16 を原型としたことと、日本独自の技術が複合することで、当時は新時代のコンセプトであった対地・対艦・対空戦闘が可能なマルチロール戦闘機となりえたのだと思えます。技術的な側面だけでなく政治や交渉といった部分も含めた、多くの苦難を乗り越えて F-2 を作り上げた開発チームの力を感じざるを得ません。

現在 F-2 は、国産であるために、日本が独自に開発した対空ミサイルと対艦ミサイルを搭載することができ、新たな兵器や戦術にあわせた改修も随時行うことができるなど、航空自衛隊にとってなくてはならない戦闘機になっています。

このことが、次期戦闘機においても、共同開発国であるイギリス・イタリアに対して、日本が開発をリードすることにつながるのではないかと思います。

戦闘機に求められるシステムは複雑化していて、開発に関わる要素は過去の戦闘機に対して何倍にもなっています。これは開発コストの高騰につながり、1 機あたりの値段も高いものになるため、複数の国での共同開発が必要不可欠になっていくでしょう。

F-2 は、日本が独自にコンセプトを決定して開発した最後の戦闘機となるかもしれません。

そのような F-2 を基地を訪れて実際に目にすることで、航空自衛隊がどのような戦闘機を運用したいと考えているかを垣間見れるのではないかと思っています。

Overview of F-2

放電索
飛行中に空気との摩擦で発生する静電気を機外に放出する装置

フラッペロン
着陸時などに揚力を増やすために使うフラップと、機体をロール（横回転）する時に使うエルロンの機能を併せ持つため、フラッペロンと呼ばれる動翼

垂直尾翼・ラダー
飛行機の安定を確保するための翼。ラダーはヨー（機首の左右方向の動き）に用いる。頂部にアンチコリジョンライト、前端に空中給油口の照明などが取り付けられている

F-2A
乗員：1名

エンジンノズル
搭載するF110-IHI-129エンジンの排気速度を、エンジンの出力状態に合わせて調整するために後端の直径が可変するコンバージェンス・ダイバージェンスノズル

スピードブレーキ
上下に開くことで減速することができる。機体後端に上下対称に開くため、スピードブレーキを開いた時の飛行姿勢への影響が少ない

水平尾翼
ピッチ（機体の機首の上下方向の動き）に用いる。左右で同一のパーツを使用しているので、例えば右をひっくり返すことで左に使うことができる

 ### 最新の技術で生まれた国産戦闘機

　F-2は、国産の支援戦闘機（対地攻撃を主任務とした戦闘機）F-1の後継として開発されました。このため次期支援戦闘機と呼称されていましたが、実際には対空・対地・対艦任務を行うことができるマルチロール（多用途）戦闘機として、F-16戦闘機を改修母機として計画が進められました。

　このためF-2は、F-16よりも大型になっても軽量とするために複合素材の一体成形による主翼、フライバイワイヤ（コンピュータによる飛行制御）や、空中・地上・海上の多様な目標を捕捉できるAESAレーダーの採用など、当時の最新の技術が適用されました。

　国産のため改修を行いやすく、新しい搭載兵器への対応などの改修が続けられ、次期戦闘機が2035年頃に実戦配備されるまで、最新の戦闘機として飛び続けることになります。

被災した訓練用複座型 F-2B

　F-2には、単座のF-2Aと複座のF-2Bがあります。F-2Bは訓練用に使われていて、松島基地の第21飛行隊に主に配備されています。

　2011年の東日本大震災では18機のF-2Bが

F-2B

乗員：2名

■ F-2の基本スペック

全 幅	11.1m
全 長	15.5m
全 高	5m
エンジン	F110-IHI-129
配 備 数	94機

空中給油口
空中給油時に、給油機のフライングブーム先端を接続する。コクピット内で操作することでカバーが開く

M61A2機関砲（機体左側）
6本の銃身を束ねることで短時間に多くの弾丸を撃ち出すことができるガトリング式で「バルカン」という製品名を持つ。弾丸はコクピットの後方の胴体中央に搭載されている

コクピット
イジェクションシート（緊急時にロケットエンジンで射出脱出できる座席）が25°後傾していること、バードストライク（鳥との衝突）対策として強化された風防、操縦桿が右脇に設置されたサイドスティック方式などの特徴がある

ピトー管
前方から当たる空気圧をもとに、飛行機の対気速度（周囲の空気に対する速度）を計測する

AESAレーダー
J/APG-2レーダーは、国産で開発された。AESA（Active Electronically Scanned Array）レーダーは、小型レーダーを並べて個別に調整することで、探知能力を拡張することができるレーダーになっている。AESAレーダーを採用した量産戦闘機としてはF-2が世界初

機体番号
生産した順に1から番号が振られている。F-2Aは百の位が5、F-2Bは百の位が1となっている。垂直尾翼の番号と併せると、生産年なども知ることができる

インテーク
エンジンへの空気取り入れ口

ストレーキ
主翼前縁から機首に向かって付けられたフィン。機首を上げた時に渦を発生して主翼上面の気流の流れを整え、失速しづらくしている

前縁フラップ
主翼前端を折り下げることで、揚力を増加することができる

翼端ランチャー
主にAAM-3、AAM-5などの短距離対空ミサイルを搭載するためのランチャー。取り付けられている状態が標準で、全幅にも含まれている

600ガロン増槽
燃料を約2,300L入れることができるタンク。コクピットの操作で切り離すことができるのでドロップタンクとも呼ばれる

■ F-2を運用する部隊

第3飛行隊
2000年10月に三沢基地に臨時F-2飛行隊が発足して、2001年2月に初のF-2飛行隊となる。2020年に百里基地に移転

第21飛行隊
2002年4月に松島基地に臨時教育F-2飛行隊が発足して、2004年3月にF-2に機種転換を完了する。F-2パイロットの育成を担う

第6飛行隊
2004年8月に築城基地の第6飛行隊内にF-2飛行班が発足して、2006年6月に機種転換を完了。以来、築城基地に置かれている

第8飛行隊
2008年4月に三沢基地にF-2準備班を設置して、2009年3月に機種転換を完了。F-2配備が遅れ、代替のF-4EJ改からの機種転換だった

飛行開発実験団
1996年3月にF-2を受領して、部隊配備に向けた試験・開発を進める。試作型の4機が配備され、現在でもF-2の試験を続けている

被災。各部隊に配備されていた F-2B を三沢基地に移動させて F-2 パイロットの育成が続けられ、2016 年に格納庫の新設などを終えた松島基地に帰還しています。被災した F-2B は修復が続けられ、2018 年に 13 機目が松島基地に到着しました。

F-1

FS-X（国内開発案）

History of

F-2

Writen by 未須本有生

1963年生まれ。東京大学工学部航空学科卒業後、大手メーカーに勤務。F-2戦闘機開発チーム（FSET）メンバーとして開発に参加。2014年「推定脅威」で第21回松本清張賞受賞。主に航空小説を執筆。近著は「オーバースペック」

 ## 当初は国内開発を想定

F-2の歴史は意外に古く、F-1の後継機としてFS-Xの計画が持ち上がったのは1982年のことです。

F-1は国内で初めて開発された超音速戦闘機で、支援戦闘機という位置付けでした。支援戦闘機の任務は、我が国に侵攻を企てる脅威艦艇等に対処する「航空阻止」、陸上・海上部隊を支援する「近接航空支援」及び「海上航空支援」、そして脅威航空機に対処する「防空」の3つです。

1985年、**FS-Xについて「国内開発」「現有機の転用」「外国機の導入」の3つの選択肢が示さ**れ、機種選定作業が本格化しました。F-1が国産だったので、当初はFS-Xもその方向で進んでいました。国内開発することで航空技術を高めることができますし、配備後も必要に応じて容易に機体を改修することができます。1987年、三菱重

工を中心とするメーカー5社が民間合同研究会を立ち上げ、国内開発案が提出されました。

 ## 共同開発に至るまでの混乱

ところが米国は、FS-Xとして米国製の既存戦闘機を導入するよう要望してきました。

日本側は「既存機では任務を遂行できない」と拒みましたが、「それなら要求を満たすよう既存機を改修すればいい」と詰め寄られました。

その頃、国内では世界に先駆けて高強度複合材の一体成形技術とAESAレーダー技術が開発されており、それらを反映した戦闘機を日本が独自に創るのを米国は阻もうとしたようです。関係者の意識も、次第に独自開発から米国機の改造開発へと変わっていきました。

改造母機の候補はF-16、F/A-18、F-15の3機種でしたが、検討や話し合いの末、単発のF-16が選定され、日米共同開発となりました。

しかしすんなりと開発に移行したわけではありません。日米でどのように開発作業を分担するか、開発を通して得られた各種技術の取り扱いをどうするかといった問題が噴出しました。さらに米国内で、日本に対して技術情報を供与すべきでない、という声が大きくなり、F-16をベースとした共同開発ができなくなる恐れが出てきました。

交渉を重ねた結果、飛行制御プログラムを除いてF-16のデータが日本側に供与されることになりました。

 ## 新規開発に近い改造

1990年3月末、メーカー各社の技術者が集い、次期支援戦闘機設計チーム（FSET）が発足しました。開発主体である防衛庁技術研究本部（現防衛装備庁）でもFS-X開発室が設置され、開発がス

F/A-18

F-15

FS-X

F-2

タートしました。支援戦闘機として要求された任務に適合するよう、FS-X は F-16 から大規模な改造がなされました。主なものは次の通り。

■ 主翼面積を拡大し形状を変更
■ 主翼構造に複合材一体成形を適用
■ 飛行制御プログラムの独自開発
■ 後部胴体を延長
■ 世界に先駆けて AESA レーダーを搭載
■ 統合電子戦機能を付加
■ 強化型風防を採用

開発当初は、横・方向の特殊な運動を可能とするため、**インテークの下に垂直カナード**を 2 つ設けていましたが、検討の結果、必要ないと判断され、取り外すことになりました。

また FS-X には、開発途上の各種国産武器を搭載することが要求されました。

■ 長射程の対艦ミサイル（ASM-2）
■ 運動性向上を図った対空ミサイル（AAM-3）
■ 精密爆撃を可能とする誘導爆弾（GCS-1）

加えて、既存のミサイル、通常爆弾、ロケット弾などの搭載も求められたので、兵装形態は国内開発では前代未聞の規模になりました。

 ## 4 機の試作機を製造

精密模型を用いた風洞試験、フライトシミュレーターでの制御プログラムの評価、構造試験、各装備品やアビオニクスの機能試験などが行われ、検討を重ねて徐々に FS-X の仕様、製造図面が確定していきました。実物大のモックアップも作られ、地上での使い勝手などが検証されました。

必要な図面が揃うと、4 機の試作機を製造する段階へと進みました。1 号機と 2 号機は単座型、3 号機と 4 号機は複座型です。

1 号機がロールアウトしたのは 1995 年 1 月。その後、各機地上機能試験が行われ、続いて地上滑走試験が実施されました。

1995 年 10 月 7 日、1 号機は初飛行に成功。14 回の社内飛行試験を経て、岐阜基地に納入され、名称は FS-X から正式に XF-2 となりました。残る 3 機も 1996 年 10 月末までに納入されました。

 ## 量産に至るまでの試練

岐阜基地を拠点に、4 機の XF-2 を用いて飛行試験が開始されました。飛行試験には、開発で要求された性能を有していることを確認する試験と、戦闘機として運用できるようにするための試験があります。

XF-2 は搭載する武器の種類と数が多いので、全ての飛行領域での安全性を確認するのに多くの時間が費やされました。飛行試験と並行して、構造だけの機体を用いた強度試験も長期間にわたって実施されました。試験を通じて多くの改善点が見つかり、量産に向けて改修されました。深刻だったのは、**主翼の強度不足と AESA レーダーの不具合**でした。最先端を謳っていた 2 つが、結果的に足を引っ張ることになってしまいました。

2000 年 6 月、XF-2 の試験は終了し、F-2 として量産、配備が進められることになりました。

 ## これからも続く F-2 の活躍

その後、関係者の不断の努力によって、F-2 は対艦攻撃にも要撃戦闘にも十分に対応できる優れたマルチロール戦闘機へと成長を遂げました。

共同とはいえ国内で開発された戦闘機なので、必要に応じてシステムを改良することができ、国産ミサイルを搭載、運用することができます。逆に言えば F-2 の存在があってこそ、国内で武器やシステムの研究、開発が可能なのです。初飛行から 28 年が経ちましたが、F-2 はこれからも我が国の防衛において重要な役目を担い続けます。

✈ コクピット

F-2のコクピットは、「25°後に倒れたイジェクションシート」「右脇に設置された操縦桿」の2つの特徴があります。

25°後傾した イジェクションシート

側面からコクピット付近を見ると、イジェクションシートの高さでキャノピーの高さが決まっていることが分かる。イジェクションシートを25°後傾することで全高を抑えている。副次的な効果として、パイロットの耐G性も高まったといわれる（F-2に使用されているイジェクションシートACES-IIの公表されている寸法から推測）

ACES-IIの3Dモデル。ヘッドレストの両脇の突起は、脱出時にキャノピーを破壊するためのキャノピーブレイカー

右側に設置された 操縦桿

F-2の操縦桿は、サイドスティックと呼ばれている

通常の操縦桿はパイロットの体の正面にあって、操縦桿を動かした量に従って水平尾翼とエルロンが動く

しかしF-2のサイドスティックは、右脇に取り付けられていて、ほとんど動かない。サイドスティックにかけた力をセンサーが感知してコンピューターに力の大きさが伝達される。コンピューターは、この入力と飛行機の速度や姿勢をもとに、水平尾翼とフラッペロン、前縁フラップを作動させる

築城基地の広報施設に展示されているF-2のサイドスティック。F-16のものとは異なり、日本人の手に合うように設計されている

┃ サイドスティックについてパイロットに聞いてみる

ジオスさん

操縦桿が右脇にあるサイドスティックと呼ばれるものになっていますが、膝の上を広く使えるので、飛行しながらミッションに必要な資料を見る時に便利です。真っ直ぐに引けば、ちょうど真っ直ぐ引けるように、取り付けられています。

普通の航空機の操縦桿を操作する時も、操作量だけではなくて手の平に返ってくる圧力を感じ取って操縦しています。なので、手の平の感覚はF-2でも変わりません。とはいえ、無意識にサイドスティックに力を掛けてしまって、それを押さえ込もうとして飛行姿勢を乱してしまうことがあります。そんな時は、手を離せばフライバイワイヤの制御で、真っ直ぐ飛んでくれます。

ホープさん

T-3、T-4とセンタースティックの飛行機を操縦してきて、F-2に乗る前には「サイドスティックには違和感があるだろう」と思っていました。けれど、乗ってみれば操縦しやすいと感じましたし、今ではサイドスティックじゃないと操縦しづらいと思う位になってしまいました。

舵面は、サイドスティックに加えた力の量に応じて動きます。T-4とは違うので初めは違和感ありますが、教育体系がちゃんとしていますので、徐々に違和感は消えます。部隊に配備される頃には、ほぼ違和感は無くなっていると思います。

フライバイワイヤについてパイロットに聞いてみる

フライバイワイヤとは？

操縦桿などの動きを電気信号に変え、コンピューターで処理した命令によって、エルロンや水平尾翼・
ラダーなどを作動させることをフライバイワイヤ（Fly by Wire、以後 FBW と表記）と呼びます。

ジオスさん

T-7・T-4 とはぜんぜん違う仕組みで動いているという知識はあったので、F-2 はぜんぜん違う乗り心地かなと思ったのですが、実際に乗ると普通の飛行機だなと思いました。その後に普通ではない面を、知ることになるのですが。

普通の航空機は、パイロットが操縦桿を動かした量に見合った角度に舵面が動きます。F-2 では、サイドスティックに加えた力に応じた旋回加速度になるように舵面の角度を自動で制御します。例えば F-2 ではどのような速度でもサイドスティックに加えた力に応じた旋回が可能ですが、普通の航空機では速度に応じて操縦桿を動かす量を調整しなければいけません。

ただ、気流の乱れによる機体の傾きを止めようとしてサイドスティックを操作すると、F-2 が自動で補正しようとする動きと相互作用してしまって、逆に機体を傾けてしまうことになることがあります。飛行時間が多くなり、癖を覚えてしまえば大丈夫です。

パイロットの思い通りの動きになるように、自動的に補正してくれるので独特な癖はないのです。FBW には幾つかのモードがあります。基本的には、ウェポンを選択したら対応するモードに勝手に切り替わります。その他に、自分でスイッチを入れれば動くモードがあります。普通はラダーペダルを踏むと、ヨーイングとロールが一緒に加わるのですが、ロール無しでヨーイングだけしてくれるモードもあります。主に対地目標に機関砲射撃をする時に使うのですが、そのモードは操縦しがいがありますね。風に対する修正はバンクを取って行うのですが、それで修正しきれないような強い風の場合に、そのモードを入れると調和することがあるのです。

空中給油の時も、給油リセプタクルの蓋を開けるスイッチに連動して機動性が悪くなるモードに入ります。通常のモードでは敏感すぎて難しいという話があって、細かいコントロールがしやすくなるように調整されています。それでも空中給油は難しいものです。給油ブームに機体が押されると、FBW が反発して補正を加えるので、その補正に慣れる必要があります。

FBW は左右非対称な搭載状態は補正してくれないので、パイロットが補正する必要があります。

もっと F-2 のこと、聞かせてください

中学生・高校生の頃、新田原基地の航空祭に行った時に F-4 が凄く格好良く思えて、F-4 のパイロットになりたいと思いました。航空学生を受験したのですが不合格になってしまい、一般隊員として入隊して航空機整備員としての教育を受けました。再び航空学生受験で合格してパイロットへの道を進みました。

その当時は、F-2 のパイロットとなってから機種転換で F-4 に乗るコースしかありませんでした。そこで F-2 パイロットになる道に進んだのですが、東日本大震災で松島基地が被災し、約 1 年間、教育が中断しました。三沢基地で課程教育が再開し、三沢基地の第 8 飛行隊に配属されました。震災の影響で F-2 パイロットの養成数が減ってしまい、F-4 への機種転換は適わず、F-2 に乗っています。

父が陸上自衛官で、私も自衛隊に進むことを考えました。高校を卒業した後の選択肢として航空学生があったので、応募してみたところパイロットの道に進むことができました。学生だった頃は F-15 を希望していましたが、担当教官が F-1 パイロットで FS ミッションの話を聞いているうちに、F-2 もいいなと思うようになりました。

対地攻撃・対艦攻撃など、いろいろな任務にも対応できるマルチロールな戦闘機なので、かなりの能力を求められます。操縦性も高く、高出力のエンジンとのシナジーも高い、いい飛行機です。

小松基地で訓練をしている時に 523 号機に乗っていたのが 5 月 23 日だったのですが、その日に子どもが生まれたので、523 号機は愛着があります。

1等空尉 荻本 研史
航学62期
第8飛行隊所属パイロット

タックネームは " ジオス " です。老け顔で航空学生の頃からじいさんと呼ばれてました。それとカメラが好きで、キヤノン イオスを使っていたので、その二つを組み合わせたものです

3等空佐 鳴海 貴博
航学59期
第6飛行隊パイロット

タックネームは " ホープ " です。第 8 飛行隊が F-2 に機種変更を行う時に、第 3 飛行隊から転属になったことで、2 つの飛行隊をつないで第 8 飛行隊を F-2 の飛行隊に変える「希望」として、名付けられました。私は喫煙者なので、たばこの銘柄にも掛けられています。実際は、ホープは吸ってないですけど

航空機整備

エプロンやラストチャンスでF-2の機体を整備する航空機整備員（APG,Air Plane General）は、F-2の運用を担う人たちともいえるでしょう。

APGは現在、列線整備と支援整備の2つの所属があるという話を伺いました。それは、どう違って、どうF-2に関わるのでしょうか

F-2戦闘機に関わる多様な整備員

F-2を飛ばして任務を行うためには、多くの人が関わっている。航空機運用に関わる整備を行う航空機整備員の他に、ドラッグシュート・エンジン・搭載兵器・レーダー・油圧・計器など部位ごとの整備を行う特技を持った整備員が、F-2の運用に関わっている

航空機整備員（APG）	エプロンでの整備	格納庫での整備
	列線整備	支援整備

ドラッグシュート	エンジン	搭載兵器
救命装備分隊	エンジン小隊	武器小隊

※今回取材した範囲

エプロンで整備をしている人たちは、どんな人たち？

エプロン※で作業をしているのは列線整備です。これまで、例えば「第6飛行隊整備小隊」というふうに列線整備は飛行隊に所属していましたが、検査隊の所属となりました。検査隊に所属するAPG（航空機整備員）は列線整備と支援整備に分かれています。

※エプロン＝格納庫前に広く取られたスペース。航空機を等間隔に並べることで効率的に運用を行うことができる

2等空曹 島田 貢玄
新隊員283期
2015年に入隊、三沢基地の第8飛行隊でF-4の列線整備を行う。F-2への機種転換の後、飛行隊とともに築城基地に異動

概ね、列線整備はエプロンで訓練に使用する飛行機を安全に飛ばす作業、支援整備は格納庫で機体の整備を行うイメージで間違いではないと思います。

3等空曹 大野 陽平
補生2期
那覇基地で第304飛行隊でF-15を検査隊で整備していた。2022年に転属となった

どんな工具を持っていますか？

島田さん

機体表面に見えるスクリューはマンジと呼んでいるのですが、これを締めるためのツールは個人では持っていなくて、機体の隣に置いてある工具箱に入れてある工具を必要な時に取り出して使います。その工具箱には、他にセンサーのカバーやヘッドセットなどを入れておきます。F-4に比べて、かなりツールが減りました。

①工具箱から工具を取り出す ②機体表面の"マンジ"と呼ぶスクリュー。製品名はトルクセット（TORQ-SET）

大野さん

ミッキーマウスと呼んでいる工具をよく使います。丸い部分は、パネルのファスナーが締まっているか確認するためにタッピングする（叩く）ために使います。六角レンチの部分は、ファスナーがゆるんでいる時に使います。

③ミッキーマウスと呼ばれる工具 ④機体表面に並ぶ工具穴が六角形のミルソンファスナー（Milson Structural Panel Fastner）

他の機体と比較してF-2の整備は難しい？

島田さん

F-4に比べたら、楽と言えば楽なんですが。電動ドリルを使ってファスナーを開けるんですけど、電動ドリル自体も重たいんです。日常の運用では、確実にF-2のほうが楽です。F-4よりも1機あたりの列線での人数は少ないのですが、エンジン始動後にパネルを開ける必要はなくて、周囲の安全確認と少しのチェック項目くらいでタクシーアウトしていきます。アメリカ空軍のF-16は、列線整備員は1機あたり1人ですね。

大野さん

F-15は、内部に余裕があって、ドアを開けてもスカスカなんです。特に近代化改修後の機体は、人が入れる位の余裕があります。それに対して、F-2はギュウギュウに詰まっていて、取り出したい機材の手前の機材を外す必要があったりします。パネルを留めるファスナーも、F-15ではエアロックファスナーというバチバチ留められるものが4つ位なのですが、F-2の場合はミルソンファスナーを何十本も開けなければいけないので、F-2のほうが手間がかかります。インテークの中も狭いので、エンジン前端の点検も大変です。

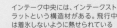

インテーク中央には、インテークストラットという構造材がある。飛行中は着氷しないように熱せられている

83-8546

前脚のタイヤ交換を見せてください！

1 タイヤ交換ツールが収まった箱。左上は専用ジャッキ 2 タイヤを運ぶ 3 タイヤと工具を運ぶためのドリー。タイヤが付いていて2t けん引車でけん引できる 4 前脚にジャッキを取り付ける 5 ジャッキのレバーを操作して機体を持ち上げる

6 ホイールを留めるセンターナットをゆるめる 7 ある程度ゆるんだところで手で回して取り外す 8 ホイールのハブと接する部分にグリスを塗る 9 センターナットにセーフティワイヤーという、緩み止めの針金を通してまとめる 10 作業を見守っていた整備班長が、最後にタイヤがしっかり留まっているか確認

5 列線整備のこと、もっと教えてください

Q 飛行機をけん引するのは、資格が必要？

大野 基地の中でだけ通用する黄色い許可証があって黄免（キメン）と呼んでいます。けん引車の免許を取って、それから航空機のけん引の免許を取るようになっています。

島田 けん引車の免許を取ったら、有資格者に隣に乗ってもらってエプロンの空いている部分を使って、航空機をけん引する練習をします。

Q ほかにどんな資格がありますか？

大野 私は、現場で機体の状態や作業が正しく行われているか判断できる検査員という資格を取りたいと思っています。他に、資格としては航空機試運転、非破壊試験などがあります。

島田 同乗検査員ですかね。テストフライトする時に同乗して機体の状態を判断できる資格です。その前に検査員の資格を取得して、低圧訓練を受けるなど、いろいろと必要なのですが。
第1術科学校で教わることは多いですが、現場に入ってからのほうが大変です。

Q 一人前になるには、どのくらいかかる？

島田 一人前の定義が難しいですが、配属されてから3か月位あれば、なんとなく列線の仕事ができるようになるかなと思います。

大野 整備専門員という資格を取れると、多くの作業を一人でできるという感じで、10か月位かかります。それで、一応は一人前って言っていいのかと。

600ガロン増槽などを搭載して重い状態のF-2のけん引には3tけん引車を使う
3.5tのけん引能力があり、エンジンは直列6気筒5.2Lディーゼルエンジン。重量は6tもある。3人乗り

5 支援整備の整備員に聞いてみました

Q 支援整備ではどのような整備をするのでしょう？

藤丸 機体全体の整備を担当しますが、エンジン・計器・電気配線・油圧機器・救命装備品・外板修理など特技職がある部分については、修理隊の各小隊に任せます。例えばエンジンの修理では、エンジンを取り外すためにジャッキアップやパネルの取り外しは検査隊で行います。エンジンを外す作業から修理、取り付けは修理隊エンジン小隊が担当します。燃料系統と射出座席は、私たちが担当です。

Q F-2のネジの規格はインチ？ミリ？

坂本 全部インチです。これまでの機材や設備を使うので、インチで統一されているのだと思います。

Q 機体ごとの差異や個性はありますか？

坂本 癖のある機番は、たまにあります。整備をすることで、その癖がなくなった後は嬉しいです。
基本的に、機体ごとの差異はありませんが、部品によっては機番指定があるものがあり、それにあわせて部品を請求して取り付けるようになります。また、機体にあわせて調整が必要な部品もあります。

Q 主翼やベントラルフィンの取り外しは？

藤丸 主翼は、付け根付近の上下のパネルを外すと主翼と胴体を連結するボルトが出てくるので、それを外して切り離すと取り外すことができます。
ベントラルフィンは、外からは2本のボルトなんですけど、裏のボルトもあり、周囲をコンパウンドでシールしているので、ベントラルフィンが付いているパネルごと取り外す必要があります。

Q スピードブレーキと水平尾翼、600ガロン増槽に2種類あるのはなぜ？

坂本 スピードブレーキの内側が白と青の2種類ありますが、単純に生産ロットの違いだけです。

藤丸 水平尾翼の翼端がグレーだったのが黒になったのは、指定の塗料がなくなってしまって、代替の塗料が黒だったためです。
2種類の増槽は、「ネスタブル」と「非ネスタブル」と呼び分けています。ネスタブルは分割可能になっていて、投棄した時に海に浮きやすいので、回収することができるので訓練用としていました。今は、関係なく混在しています。

1等空曹 坂本 光
補生7期
築城基地に配属されて9年目。初めて赴任した時はF-15も整備している
高校生の頃、ネイキッド系のバイクをいじったりして、整備することが好きだったので、第1術科学校に。卒業する前に任地の希望を出す時、戦闘機を触りたいと思い、築城基地に。
「飛行機が好きなら、一回、生で戦闘機の爆音を聞いてほしいです。航空祭でお待ちしています」

2等空曹 藤丸 慎司
曹候24期
初任地は那覇基地で、F-4とF-15。築城基地に転属になりF-2の整備。途中、第1術科学校の教材となっている機体を整備のために浜松基地の整備部に。陸上自衛隊に入隊した姉のアドバイスで航空自衛隊に入隊。「趣味でバイクの整備をしていたことと、飛行機を整備するのは格好いいなという思いから、整備員になりました」

エンジン

F-2 が搭載している F110-IHI-129 エンジンは、ゼネラル・エレクトリック（General Electric Company）が開発、IHI がライセンス生産しているエンジンです。B-1 爆撃機、F-14 戦闘機に搭載されたエンジンを改良したもので、F-16 や F-15E にも採用されています。

パイロットに聞いてみる

ジオスさん

　学生訓練では軽い形態で飛ぶことが多かったので、いつでもパワフルで、よく動く飛行機だと感じていました。しかし飛行隊で任務に応じて装備を搭載した重々量形態で飛行する機会があって、そこでは「やっぱり F-2 も、重たいと動かない」と感じました。

　F-2 のエンジンは、上空で止まったことのない信頼性の高いエンジンです。F-2 は条件によってはエンジンチェックを省略することができるので、滑走路に進入したらそのまま離陸することも多いです。エンジンチェックする場合でも、エンジンが 1 つしかないのでチェックが終わったら、そのままパワーを足して離陸しているので、エンジンチェックをしているように見えないかもしれません。

F-2 のエンジンレイアウト

F-2 は、機体前半の下半分と、機体後半のほとんどをインテークとエンジンが占めていることがわかる。（エンジン全長の寸法及び、F-16 のインテークダクト形状から推測）飛行機は、機体サイズを小さくすると軽くなり、空気抵抗も減り、推力に余裕ができるため、機動性が高くなるというメリットがある

しかし、機体内の燃料タンクの容量も機体サイズに制限されることになる。主翼下の増槽がエンジンと同等の大きさとなっているのも、F-2 に要求された作戦範囲を満たすために必要だったであろうことが窺える

百里基地航空祭で展示された F110 エンジン。各基地の航空祭では、エンジン小隊によりエンジンが展示されることがあるので、格納庫の展示もくまなく見て歩きたい

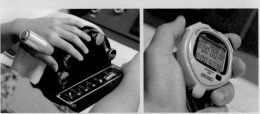

② エンジンテスト

　F110エンジンがテストスタンドに吊されています。エンジン先端には異物を吸い込まないように網が掛けられ、配線や配管がつながれて、すぐにエンジンを始動できる状態になっています。

　コントロール室に招かれました。試運転するエンジンを制御するための精密機器が置かれた部屋で、靴を脱いで入ります。エンジンを見ることができる窓の脇に設置された机にはスロットルレバーがあり、複数のモニターに細かな数値がたくさん並んでいます。

　エンジンが始動すると整備員の皆さんがモニターの数値をじっと監視。ストップウォッチで作動時間や、推力が上がるまでのタイムラグなどを計測しているようです。スロットルレバーのスイッチを押し込んでアフターバーナー位置まで押し込んでいるのが目に入り、窓越しに見えるエンジンのノズルから青い炎が吹き出していますが、音や振動はまったく伝わってきません。エ

ンジンから吊されたオイルを受けるボトルが揺れたり、気圧の変化でエンジンの周囲に霧のようなものが見えるだけです。

　建物の外へ出ると、エンジンの熱と音を和らげるための放水が蒸気になって、煙突から立ち上っていました。

3 エンジンを F-2 に載せる

① 2t けん引車で運ばれてきた F110 エンジンを F-2 のエンジンベイに搭載する作業を始める。F-2 の機体後半のパネルは外されている ②エンジンの左右、後に整備員が付いて機体と干渉しないように確認しながら、少しずつエンジンを載せたドリーの位置を調整する ③ドリー前端のジャッキと機体を結合してエンジンと機体の向きを調整する ④⑤右・下側が機体と干渉しないか確認する ⑥⑦左側でも同様の作業が進められる ⑧側面のレバーを動かすとエンジンが前進する ⑨エンジンが機体に収まっていく

1 取り外された胴体下部のパネル。固定用のスクリューが並ぶ 2 胴体後端のパネル 3 右ストレーキ下部のパネルを開けて作業していた 4 作業前、作業に使う工具を広げて準備をする 5 エンジン搭載を見せてくれたエンジン小隊の皆さん

エンジン小隊の整備員に聞いてみる

Q F-2のエンジンは、どんな印象でしたか?

柿田 F-4EJ/EJ改に使用していたJ79-IHI-17AとF-2のF110-IHI-129は、設計メーカーが同じ（General Electric）なので、「似たようなもの」という認識です。F-15のF100-IHI-220Eよりもアフターバーナー部のダクトが短いのに燃焼効率が良いと聞いていて、新しいエンジンなんだなというのは感じます。

工藤 F-4とF-2のエンジンは、確かに似たようなものが似たような場所についている印象があります。F-4のエンジンは、昔に設計されたものだから、ゴチャッとしています。F-2のエンジンはスマートになっていて整備しやすく感じています。
F-4はターボジェットエンジンで、F-2はターボファンエンジンという違いがありますが、F-2のエンジンに触っていてもターボジェットエンジンにファンが付いただけという感覚です。

高橋 F-4のエンジンは頑丈でした。信頼性も、F-2のエンジンに劣ることはないと思います。
F-2のエンジンは、ブレード1枚まで取り出すことができるところまで分解結合できる、整備性に優れたエンジンです。

Q F-2のファンにメッセージを!

柿田 航空祭ではエンジン単体での展示をするので、見ていただいて、質問をしてもらって、興味を持っていただければと思います。

工藤 機械をいじるのは好きだったけれど、特に飛行機やエンジンに興味があったわけではなかったのですが、やっていくうちに慣れるし、優しい先輩もいるので興味を持っていただけたなら、ぜひ一緒にエンジンの整備をやりましょう。

高橋 自衛隊に入るまでは、機械いじりとかもしたこともなかったんです。それが、まさか戦闘機のエンジンを触ることになるとは思いませんでした。けれど、こうして職に就いているので、興味があれば誰でも整備はできるかなと思っています。

F-4EJ改に搭載されていたJ79-IHI-17Aエンジン

1等空曹 柿田 剛
曹候21期
入隊してから19年位、百里基地でエンジン整備をしていました。その後、築城基地に転属して約8年。入隊した当時はF-15だけだったが、後にF-4が新属となり、築城基地に異動してからはF-2のエンジンを触るようになる

2等空曹 高橋 和也
新隊員270期
浜松基地で第1航空団のT-4。その後、築城で15年くらいF-2、百里基地に転属となり、再び築城基地に戻ってきて今に至る

3等空曹 工藤 隼人
補生4期
百里基地でF-15とF-4のエンジンの整備をしてから、築城基地に転属。「パイロットの命を預かる誇りに思える仕事だと思ったので、エンジン整備を希望しました」と話す

✈ | 搭載兵器

F-2 は対艦・対地攻撃を行う支援戦闘機として、対空戦闘も行えるマルチロール機として開発されたため、対艦ミサイル・対地誘導爆弾・対空ミサイルと、多彩な兵器を搭載できます。

兵器の搭載位置

兵器の搭載位置には決まりがあります。投下・発射する時に安全かつ目標に向かって確実に機体から切り離せること、投下・発射した後でも戦闘を継続できることを試験したうえで、搭載位置は決められています。この試験を行わないと「投下した爆弾が機体に当たってしまう」「機体周辺の気流に乱されて目標への経路から逸れる」「発射後に機体が不安定になる」などの問題につながります。

F-2 の兵器などの搭載可能位置

1,11	**翼端ランチャー**	短距離ミサイル用
2,10	**外舷パイロン**	中距離ミサイル用
3 ,9	**中外舷パイロン**	
4L,8R	**中舷パイロン**	使用時 3,4,8,9 は使用不可
4 ,8	**中内舷パイロン**	
5 ,7	**内舷パイロン**	600 ガロン増槽用
6	**センターパイロン**	センタータンク用

対地攻撃形態

例	中外舷	GBU-38	x4
	翼端ランチャー	AAM-3	x2
	インテーク右	AN/AAQ-33	

自由落下爆弾や誘導爆弾を搭載することができる。パイロンにエジェクターラックを介することで、多くの爆弾を搭載することができるまた、インテーク右側の搭載位置に地上・海上の目標を発見するための赤外線による監視やレーザーによる誘導を行うことができる装置を搭載可能

対艦攻撃形態

例	中内舷・中外舷	ASM-2	x4
	翼端ランチャー	AAM-3	x2

対艦ミサイルを 4 発、自衛用の短距離ミサイルを 2 発、搭載

対空戦闘形態

例	中内舷・中外舷	AAM-4	x4
	翼端ランチャー	AAM-3	x2

中距離ミサイルを 4 発、短距離ミサイルを 2 発、搭載

[3Dモデル：#RafAvi,MOKEO(AAM-3),TOSHIT(AAM-5)]

武器小隊の人に聞いてみました

エプロンで飛行前の整備を見ていると、AAM-3 の訓練弾を肩に担いで機体へと向かう武器小隊の人たちがいます。ミサイルなどの兵器を専門に担当する整備員です。

その任務はどのようなものなのか、聞いてみました。

Q 武器小隊のお仕事を教えてください

松本　武器小隊は、補給分隊・弾薬分隊・列線分隊・支援分隊で構成されています。補給所から、ミサイルが構成品ごとにコンテナに入れられた状態で送られてきます。それを補給分隊が列線分隊に渡して外観や機能に異常がないか確認した上で、弾薬分隊で点検と組み立てを行います。そして、列線分隊が受け取って機体に積み込みます。使用後は、再び弾薬分隊が分解して点検、管理を担当することになります。

中山　支援分隊は、武器系統の装備品の点検整備を行います。基本的に、機体から外したランチャーやパイロンなどの整備を担当しています。機関砲の整備もするのですが、機体からの積み下ろしも作業範囲となっています。

山崎　私が所属している補給分隊は、書類仕事が中心になります。武器小隊で必要な備品や弾薬を書類に取りまとめて、補給所と調整して調達して、必要としている分隊に渡す役割をしています。

Q 爆発物を扱っている不安はありますか？

中山　初めての時は「わぁ。これ火薬が詰まっているんだ」って思いました。私たちは第１術科学校で火薬の取り扱いの知識を学ぶのですが、正しい取り扱いすれば安全なものだと思える知識を身に付けるので、恐怖心はありません。

松本　ミサイルを扱うための手順書や技術書を基に作業を行います。また、一人で作業することはないので、クルー同士で連携を取ることで安全に作業を行えるようにします。

Q 一人前には、どのくらい時間がかかりますか？

松本　整備に関わることは第一術科学校を卒業することで、基本的な技量は身に付けています。
けれど、新しいミサイルなどの運用が始まると、整備や取り扱い用のマニュアルやパーツリストが届いて、新たに覚えないといけないことができる。飽きることができない、やりがいのある職種だと感じています。

中山　武器弾薬整備員として必要最小限の知識と技能を習得するには１年以上はかかるなと、思っています。
私でも、まだまだ知らないことや経験していないことがあるので、一人前に近づけるように常に努力しています。また、階級ごとに要求される知識と技量があります。２等空曹になると、作業の指示ができるかも問われるようになります。

Q 搭載できる兵装が多いことは大変ですか？

山崎　F-2 は搭載できる兵装の種類が多いので、大変です。その分、それに対応するパイロンやランチャーの種類も多くなるので、関連する備品の種類はとても多くなります。基本的に、補充が必要な備品は各分隊から書類で指定があるのですが、私が間違えを見つけることもあるんですよ。築城基地に配属されてから、列線と支援、弾薬分隊にいたこともあるので、その経験が活きているのだと思います。

爆弾などに付いているサスペンションラグを噛むことで取り付けるエジェクターを内蔵するパイロン。内部に、ミサイルなどに標的を指示するなどの情報を伝達するためのケーブルも収まっている

ミサイルに付いているフックをレールにかみ合わせることで取り付ける装置。ミサイルのロケットが点火して加速すると、レールランチャーのレールを滑り、撃ち出される

松本　扱うものの種類が多いので、経験がないと難しいところも、もちろんあります。けれど、一人でやることはないので、一人ひとりの技量をしっかり把握しながら人員を配置すれば、経験や知識の違いを埋めることができます。また、作業は都度、確認することを大事にしています。

空士長 山崎 栞里
自候生19期

補給分隊所属。令和2年に築城基地に配属。東京都出身
「兄が自衛隊が好きで航空祭に連れて行かれて、初めてF-2を見たのだと思います。いろいろな航空祭に連れられていったので、どこの基地かも覚えてないんです。
そんな兄への競争心で、高校を卒業してすぐに自衛隊に入隊しました」

2等空曹 中山 和紀
補士16期

支援分隊所属。平成19年に三沢基地に配属された。九州出身のため、一面を雪に覆われた基地の景色に衝撃を受ける。令和元年に築城基地に転属
「初めてF-2を見たのは三沢基地に配属されてから。雪に覆われた銀世界の中に青い機体が映えて見えて、新しい機体に見えました」

2等空曹 松本 年史
補生1期

列線分隊所属。平成18年に築城基地に配属され、平成30年に飛行開発実験団に異動。令和23年2月に築城基地に戻る
「第一術科学校ではF-15を使って勉強をして、築城基地に配属されて、F-15とF-2を扱うようになりましたが、シャープという印象は変わらないですね」

3

兵器を搭載する

F-2はマルチロール機として、多様な兵器を搭載することができます。そこで、武器小隊の皆さんにお願いして、対地・対艦・対空兵器の搭載の様子を見せていただきました。

Minimemo

「航空自衛隊にも不発弾処理の技能を持った人がいるんですよ」とき章を手に、教えてくれた新美2等空尉。日常的に火薬を取り扱う武器小隊に所属する整備員は、この技能を持つことが多いそうだ

航空自衛隊が運用する搭載兵器で、青色の外観をしているものは、飛行訓練や搭載の訓練に用いられる訓練弾。爆薬やロケットの推進剤などが入っていなく、重量バランスなどが再現されている

GBU-38
精密誘導爆弾

JDAMと呼ばれる、自由落下爆弾に精密誘導する装置を取り付けた爆弾。機体の速度や目標との位置関係を基にした誘導や、GPSを利用した誘導、目標に照射されたレーザーの反射を探知することでの誘導などができる。航空自衛隊では、Mk.82自由落下爆弾に装着できるJDAMを導入しているようで、これを組み合わせたものがGBU-38となる

1 弾薬リフトトラックのアームにGBU-38を載せて、搭載するパイロンに近づいていく

2 パイロンに脇に立つ整備員がハンドサインで弾薬リフトトラックの運転手に位置を指示する

3 パイロン内部のエジェクターのフックと、GBU-38のサスペンションラグが噛み合うか確認しながら近づけていく

4 パイロンの穴に工具を差し込み、内部のエジェクターのセーフティーロックを作動させて搭載完了

ASM-2
93式空対艦誘導弾

艦船の対空兵器の対応範囲外から攻撃するために、長い射程を持たせた大型対艦ミサイル。そのために推進装置は、ロケットエンジンではなく、推進力を長く維持できるターボジェットエンジンとなっている。また、迎撃されづらくするために低空を飛行することができるように高度計やGPSなどを組み合わせた誘導装置が搭載されている

1 大型の弾薬リフトトラックのアームにASM-2を載せて、搭載するパイロンに近づいていく

2 ASM-2の左右、後部に整備員が付いてパイロンの中心線と合うように指示を出す

3 ASM-2で使用するリフトトラックの操作盤でアームを動かして、油圧でASM-2の位置や向きを調整することができる

4 ASM-2のサスペンションラグがエジェクターのフックにかかっているか確認して、リフトトラックからASM-2を外す

AAM-3

90式空対空誘導弾

国産の短距離空対空ミサイル。赤外線・紫外線を感知する先端のシーカーによって標的を追尾する。このため、攻撃可能範囲は、光学的に標的を捕捉できる範囲に制限※される。ミサイルの飛行姿勢を制御している前端の誘導翼は、切り欠きのある独特な形状になっている

※近年では、発射後に標的を捕捉する機能を持つ短距離ミサイルもある。このようなミサイルでは攻撃可能範囲は拡張されることになる

[3Dモデル：MOKEO]

1 AAM-3は整備員が抱えて持ち上げて搭載する

2 AAM-3の2か所のハンガーを、レールランチャーのレールにかみ合わせることで搭載する

3 側面にあるスイッチでミサイル自体を安全な状態にしているほか、レールランチャーにもセーフティーピンを装着する

4 レールランチャー先端部のカバーを開き、AAM-3のF-2の火器管制装置と連携するアンビリカルケーブルを接続する

AAM-4

99式空対空誘導弾

国産の中距離空対空ミサイル。ミサイル先端にレーダーを搭載していて、電波によって標的を探知・追尾するため、AAM-3よりも長い攻撃可能範囲を持つ。側面にもレーダーを搭載していて、標的が破壊可能な範囲以内に入るのを感知すると弾頭を爆発させ対象を破壊する※能力がある

※一般的に空対空誘導ミサイルの破壊方法は、直撃ではなく、爆風や爆発で放出される金属片などによるものが多い

1 台車状のローダーにAAM-4を載せて、装着するレールランチャーに近づけていく

2 アーム先端のテーブルを油圧ジャッキで上昇させながら、AAM-4のハンガーとレールの切り欠きの位置を合わせる

3 覗き込んでハンガーとレールの切り欠きの位置を合わせ、搭載する

4 中間の安定翼と後端の誘導翼は搭載後に装着する

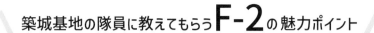

ドラッグシュート

ドラッグシュート（Drogue Chute：制動傘）は、構造自体はパラシュート（落下傘）と同じで、主に飛行機が着陸後の減速のために使うものです。

F-2 のドラッグシュートは、傘の部分の直径が 7m で、幅 5cm のリボンを縫い合わせて作られています。全長が 20m で、傘と機体を繋ぐヒモは 24 本で構成されています。

ドラッグシュートの重さは、約20kgある。これを抱えて脚立に登り、垂直尾翼基部に収める

パイロットに聞いてみる

ジオスさん

機体は F-4 よりも小さいのに、ドラッグシュートは F-2 のほうが大きくなっています。

築城基地は滑走路が短いので、基本的には使用しています。ものすごく減速できるので、向かい風が強い時に使用すると滑走路で動けなくなったり、バックしてしまうこともありますので、状況に応じてパイロットが判断して使用します。

意外と穏やかに空気を掴むような感じで、衝撃は大きくなく、クルマのブレーキをスムーズに、しっかりと踏み込んだような減速感です。

横風の影響は、かなりあるので両手両足を使って直進するようにコントロールします。

ホープさん

安全に滑走路を開放できるかどうかを考えて、ドラッグシュートを使います。雨の日は制動距離が伸びてしまうので使います。逆に正対風が強ければ使用しません。あとは、燃料や搭載物が重い場合も使います。

横風がある時は、ドラッグシュートが風に流されて、機体が滑走路中央から外れる方に機首の向きが変わることがあります。その時は、ドラッグシュートを使わないようにしたり、早めにドラッグシュートを切り離すこともあります。ドラッグシュートを使用する滑走速度の使用基準を概ね定めていますが、あとは機長の判断となります。

開いた瞬間、コクピットでも「ボフッ」っと、開いた音が聞こえます。ミラーで開く様子も見えますし、クルマで急ブレーキを踏んだくらいの減速感があります。

2 ドラッグシュートのたたみ方

　ドラッグシュートをたたむ作業は、救命装備品を整備する特技をもつ整備員が担当します。
　専用の部屋があり、機材を駆使して必ず開くように注意を払いながら、約30分かけて折りたたむ作業を行います。

1 作業台に広げる

2 誘導傘のスプリングを押し込む

3 機体と繋ぐロープを折りたたむ

4 傘部分をたたみ、箱に押し込む

5 誘導傘部分を載せて閉じる

6 箱から引き出す

3 整備員に聞いてみる

Q 救命装備分隊のお仕事を教えてください

魚倉　パイロットの個人装備としては、ハーネス・Gスーツ・マスク・ヘルメット・救命胴衣。航空機の減速機材としてドラッグシュート。救命装備品として、パラシュート・サバイバルキット・救命浮舟（救命ボート）を整備しています。
　ドラッグシュートは、救命装備品とは別に作業する場所があります。人員は定期的に移動するようになっています。

澤田　常に職場にはミシンが配備されています。なので、フォームを入れる袋や作業服の修理や、階級章の縫い付けなど、ミシンでできることは、いろいろ頼まれたりします。

Q やりがいのポイントは？

魚倉　救命装備は、実際に使われたら困るものなのです。なので、使われないことが私のやりがいになっています。けれど使った時は100％開くように整備しているので、絶対に開きます。そういう責任を持ってやるのが私たちの整備なのです。妥協しない整備ができるように、教育も行っています。

澤田　飛んでいるパイロットのヘルメットやマスクの用意も私たちがするので、万一、不具合があったらという怖さはあります。プレッシャーに感じるからこそ、絶対に不具合がないように、何回も確認して点検します。

空曹長 魚倉 守
新隊員234期

平成元年に入隊して、築城基地に初任地として勤務し、T-33・T-4・F-1・F-4・F-15に携わる。平成10年に浜松基地に転属して、T-4・E-767の整備に12年携わり、築城基地に戻る。再び浜松基地に単身赴任後、3年で築城基地に。「自衛隊員の友人の父に教えてもらったことをきっかけに航空自衛隊に入隊しました」

3等空曹 澤田 征樹
自候生6期

初任地が築城基地。だいたい1万個以上、ドラッグシュートをたたんだ。教育隊の職種説明会で救命装備員の存在を知り、救命装備の特技を選択。「F-2が日常的にドラッグシュートを使うのでやりがいに感じられると思い、その整備ができる築城基地を希望して赴任した」という

整備memo

濡れてしまったドラッグシュートを温風で乾燥するための部屋。とても天井が高く、ドラッグシュートをつり上げることができる

乾燥後、たたんでF-2に搭載できる状態にしてラックに置く

一つ一つ、使用回数が管理されている。傘の一部が切れたら、切って新たなリボンを縫い付けて補修する。所定数使うと破棄となる

Nest of F-2

築城基地は、穏やかな周防灘に滑走路の東端を突き出すように、ほぼ東西を向いた滑走路を持っています。基地の正門は南側にあり、エプロンも滑走路の南側になっています。

第6飛行隊・第8飛行隊の2つのF-2飛行隊が所属していて、そのエプロンを見渡すと多数のF-2が並び、まさに「F-2の巣」のようです。

F-2が2つの飛行隊でどのように運用されているのか、梅雨にさしかかる前の築城基地を訪れてみました。

団司令兼基地司令の役割は？

団司令は、直接の隷下、第8航空団を指揮できるということになります。第8航空団の司令部は築城基地にあり、飛行群・整備補給群・基地業務群が所属しています。

また築城基地には、第7高射隊・第3作業隊・築城管制隊・築城気象隊・航空支援隊・築城地方警務隊が置かれていますが、第8航空団の隷下ではないですが、基地の運用に関係するところについては、基地司令として指示することができるようになっています。また、周辺自治体との調整なども基地司令の役割です。

しかし、基本的には各部隊の指揮官の持っている責任を侵してはいけないので、例えば飛行隊を直接に指導することはありません。私も若い時に「自分も指揮官なのだから任せてほしい」と思った経験があるので、各々の立場を大切にしたいという思いもあります。

築城基地はどんな雰囲気の基地ですか？

隊員が、非常に元気のいい基地です。様々な活動についてもモチベーションが高いですね。

昔から引き継がれている伝統が作っている雰囲気だと思うので、私も引き継ぐのが責務だと感じています。我々、幹部はいろいろな仕事を経験するために2～3年で転勤になるので、影響が出るのは後になってからなのだと思っています。なので、良いことは引き継いでいく必要があるのだと思います。

2つの飛行隊の違いは？

役割の違いはありません。ただ、性質は違いますね。

第6飛行隊は、ざっくばらんな雰囲気があって、意思疎通ができている部隊だと感じます。その中で、やる時にはやるという精神を持っています。

第8飛行隊は、人の絆を大事にするなどの伝統を引き継いでいる部隊だと感じます。訓練については、とことんまで追求する厳しい面もあります。

団司令としては、二つの飛行隊を細かくコントロールすることはしないので、彼らがやりたいことはなるべく伸ばせるようにしたいと考えています。

航空祭が話題ですが

2022年の航空祭ではパイロットが広報員のように頑張ってくれてX[Twitter]でも話題になりまし

Interview

3つあるF-2の飛行隊のうち2つの飛行隊を隷下に収める第8航空団は、築城基地に置かれています。そのトップである第8航空団司令兼基地司令に、築城基地はどのような基地なのか、2つある飛行隊はどのような雰囲気なのか聞いてみました。

団司令・基地司令			第7高射隊
副司令			第3作業隊
	安全班		築城管制隊
	副官		築城気象隊
監理部			航空支援隊
人事部			築城地方警務隊
防衛部			
装備部			
衛生班			
飛行群	群本部　飛行隊		
整備補給群	群本部　検査隊　装備隊　修理隊　車輌機材隊　補給群		
基地業務群	群本部　基地防空隊　飛行場勤務隊　施設隊　通信隊　管理隊　業務隊　会計隊　衛生隊		

た。非常に喜ばしいと見ていました。航空自衛隊の広報は、これまでは積極的にしてこなかったように感じています。やはり、航空自衛隊という組織を知られないと、自分の将来の職業の一つとして選択肢に入れてもらえない時代なのかなと感じています。

私はアメリカ空軍に委託教育をしている制度で、アメリカでT-38を使用した教育を受けてウイングマークを取得しました。そこで、アメリカの軍隊が広報の予算を十分に確保して「軍に入りたいな」と思わせるような映像を公開しているのを見ました。航空自衛隊では、そこまではできていないので、SNS等で知ってもらう活動をすることは積極的にやっていく必要があると思っています。

→ 司令としてのモットーはありますか?

「誇りを持て」と、いつも部下に対して指導しています。いざとなったら危険を顧みずに行うのが我々の任務です。有事となって命をかけることができるのは「この国を守ろうとする誇り」があるからだと思うんです。

また、誇りを持っていれば日常でも、それに見合った行動をするようになるでしょう。

空将補 **北川 英二**
防大36期

アメリカ空軍でウイングマークを取得、第305飛行隊（百里基地）でF-15パイロットになり、後に飛行隊長も務める。第306飛行隊長航空幕僚監部の各部署、防衛大学校などを経て築城基地司令に就任（当時）2023年8月に芦屋基地司令となっている

タックネームは"**レオ**"です。中学2年生まで西武球場に自転車で行けるところに住んでいたので西武ライオンズのファンだったんです

築城基地のある築上郡築上町は、瀬戸内海に面する福岡県の東部にあり、南は大分県と接している。正門を出るとほどなく北九州市から九州沿岸の都市を結びながら宮崎市へと続く国道10号が通り、徒歩10分ほどでJR日豊本線築城駅を利用することもできるなど、交通の便は良い立地だ。

滑走路はほぼ東西を向いた2,400mになっていて、その東端の約300mは埋め立て地になっている。並行する滑走路があるが、過去に使われていたもので、現在は使用できない。基地の主要施設は滑走路の南側に位置していて、エプロンも南側にある。

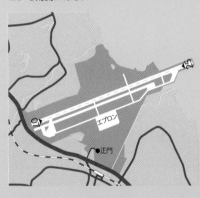

築上町にあるコミュニティラジオ「スターコーンFM」では、築城基地の隊員が出演する「築城基地広報ラジオ ホットスクランブル」が放送されている。パイロットをはじめとした隊員の皆さんによる、基地の出来事を毎週金曜日夜8時から放送中。

画像出典：スターコーンFM HP

聴取エリアは築上町が中心ですが、「サイマルラジオ」で全国で聞くことができる。

サイマルラジオ：https://www.simulradio.info/

　午前 8 時ごろ。築城基地のエプロンに足を踏み入れると、整備員たちが小雨に濡れながら F-2 を列線に並べ始めたところでした。第 6 飛行隊の黄色いマークを垂直尾翼に付けた F-2 が、隊舎の前に並べられていきます。

飛行を行うかどうかは、基地周辺の天候だけでなく、**訓練空域の天候状態**もあわせて検討して決定します

飛行機をけん引する時は、APG がコクピットに座り**飛行機のブレーキを操作**します。雨でコクピット内を濡らさないようにキャノピはラダーを挟まないギリギリの位置にしています

1 雨降るエプロン
⊗ 第 6 飛行隊

武器小隊に所属する武器弾薬員によって、列線に並べられたF-2Aの翼端にAAM-3の訓練弾が装着されていきます。AAM-3を満載した台車を接続した2tけん引車をF-2Aの前に寄せ、AAM-3を担ぎ上げて翼端のランチャーに取り付けていました。

 どの機体に何を搭載するかは、飛行隊から訓練内容に合わせて指示があります

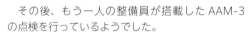

　その後、もう一人の整備員が搭載したAAM-3の点検を行っているようでした。

エプロンで訓練飛行に向けた準備が進む中、隊舎ではブリーフィングが行われていました。

まず隊全体で、当日の天候や訓練飛行の予定などを共有するブリーフィングが行われます。その後、一緒に訓練飛行を行うパイロットによる訓練内容の確認や、その中でどのような飛行を行うか、じっくりと話し込んでいました。

 天候についてはウェザーブリーフィング、飛行前のパイロット同士では**プリフライトブリーフィング**と呼びます

　プリフライトブリーフィングを終えたパイロットは救命装具室で耐Gスーツを身に付け、ヘルメットとマスクのテストを行った後に、隊舎から出ます。雨具を着て、機体へと向かっていきました。

　隊舎でパイロットのブリーフィングが進むころ、列線整備員の待機室では機体の運用に関する打ち合わせが行われていました。

おそろいのTシャツがカッコイイ！ それぞれのタイミングで、朝食をとるのですね

エプロンには水たまりができ、しぶきが上がるような雨の中、訓練飛行に向けたプリフライトチェックが始まります。

エンジンが始動し、水平尾翼、垂直尾翼、スピードブレーキ、フラッペロンの作動状況のチェックが行われ、整備員のオッケーのサインで飛行前の点検作業が終わります。そして機体ごとに整備員が敬礼で機体とパイロットを見送り、F-2 がタクシーアウトしていきます。

雨の日にエンジンを始動すると、**水たまりからインテークに竜巻**が見られることがあります

整備員の作業の様子を見守る人の**凛々しい立ち姿**が印象的でした

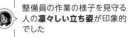

滑走路の西端に停められた整備車の中では、整備員がエプロンからタクシーしてくるF-2を待ち構えています。

F-2がやってくるのが見えると、整備員は降り止まない雨の中に飛び出し、ラストチャンスエリアに誘導します。

滑走路の端の広くなったエリアを**ラストチャンス**と呼んで、飛行前最後の点検を行う場所になっています

ラストチャンスに停止した F-2 に整備員が走り寄って
主脚タイヤにチョークをかけると、機体各部の最終確認を
行います。

テクニカルオーダー（Technical Order ＝ TO：技術指
令書）に書かれた点検ポイントを手早く確認します。ここ
で不具合があれば飛行を取りやめることになる、とても重
要な点検作業です。

 雨具は迷彩柄の雨衣が支給されていますが、長時間雨に打た
れていると浸透してしまうことがあるため、**青／黄色のレイン
ウェア**も用意されています

ラストチャンスの点検が終わるとチョークが外され、整
備員の合図によって、F-2 が滑走路へ進んでいきます。
整備員は、無事のフライトを願って敬礼で見送ります。

ラストチャンスから滑走路に向かってタクシーすると、停止することなく加速して、離陸していきます。

ファントムⅡは、滑走路上で停止してエンジンの出力を上げるエンジンテストを行ってから離陸していましたが、F-2のエンジンは信頼性が高く、基本的にはエンジンテストが不要になったためです。

2 | 水しぶきとともに離陸
⊗ 第6飛行隊

0s ラストチャンスから滑走路の中央にタクシーします。この日は東風のため、ほぼ東西に延びる滑走路の西端から滑走を開始しています

9s 停止することないまま、エンジンの音が高まり、アフターバーナーに点火して炎がノズルから伸びています。まだノズルはほぼ最小の開度になっています

10s エンジンの出力が最大になり、ノズルが最大に開いています。このように開度を調整できるジェットエンジンのノズルは、コンバージェンス・ダイバージェンス・ノズルと呼ばれます

11s 滑走路上の水をタイヤとエンジンブラストで巻き上げながら更に加速していきます

12s 前脚のタイヤが浮きました。F-2では対気速度にあわせてサイドスティックを引いて（機首上げの）姿勢をとります

14s 降着装置を引き込み、さらに加速していきます。フラップと水平尾翼も機首上げの状態を維持しながら、高度を上げて訓練空域へと向かいます

Nest of F-2

About 6Sq.

第6飛行隊の飛行隊長に、飛行隊のこと、F-2のこと、パイロットのことを聞いてみました。

2等空佐 **濱島 雄一郎**
防大50期

防衛大学校を卒業してフライト・コースへ。配属は三沢基地の第3飛行隊で、その後、築城基地の第8飛行隊、航空幕僚監部、第8空団の司令部を経て第6飛行隊長となる
「幼稚園の頃から乗り物が好きで、戦闘機は一人で乗ることができるから楽しいのかなと思って」がきっかけだったという

第6飛行隊はどんな部隊ですか？

横のつながりが非常に強いですね。資格や階級を取り払った、飛行隊のメンバーとしてのつながりが強いと感じています。普段のコミュニケーション量は、私が経験した飛行隊の中で一番、多いですね。

飛行隊長はどんな役割？

飛行隊長はプレイングマネージャーです。自分もパイロットとして飛びますし、部下の教育や人事にも携わります。

私は「文武両道」を指導方針として掲げています。今は、いろんなことができる人が重宝されている時代です。我々の主軸は飛行任務ですが「視野を広く持ち自分から学ぶこともしなさい」と指導しています。

パイロットには、シラバスという一つ一つこなさなければいけない科目があり、評価を満たすことができなければ、もう一回、科目に取り組まないといけないのです。常に評価されるプレッシャーがあるので、「ちょっと明日は働きたくないな」とか起きやすい。そこでワークエンゲージメント※の状態に気持ちを持っていかせるのが、私の立場です。そのためには、自分自身が楽しくやらないと、と思っています。

※ワークエンゲージメント：「仕事から活力を得ていきいきとしている」「仕事に誇りとやりがいを感じている」「仕事に熱心に取り組んでいる」が揃った状態

F-2のパイロットはどんな人ですか？

一般的には、F-2パイロットは「細かい」って言われますね。「そこまで考えなくてもいいんじゃない？」と。F-2は対地・対艦攻撃など仕務の幅が広く、地上や洋上を低く飛ぶこともあり、準備が膨大にあります。攻撃のための計画であるとか、トラブルがあった時の対処とか、地対空ミサイルの対応、飛行経路の地図や攻撃目標の情報などを準備しておく必要があるためではないかと思います。

搭載兵器が新しくなったり、システムの性能が上がるなど、F-2の能力向上も適時あります。そうすると、搭載兵器やシステムの勉強をしなければいけないですし、ミッションに対して準備しなければいけないことが増えます。新しいパイロットにも、それを教えなければいけません。自分が慣れるだけではなくて、若手に浸透させて育てるために、良い先輩にならなければいけません。

▶ 戦闘機パイロットを続けるということは？

✈ パイロットを目指してから今まで、数々のフィルターがあったので「よくここまで残ることができたな」と、正直、思います。自分の能力が目標に到達していないことを見せつけられることがあり、能力が追いつかないことへの失望を感じることがあります。そのような時に、苦しかったり、嫌だなと思うこともありましたが、操縦をやめようと思ったことはありませんでした。

F-2パイロットとして初任地だった三沢基地にいた頃が、一番大変でした。当時は必死で、朝起きるのも嫌な日とかもありました。けれど、操縦する人間にとっての価値観を固めるために、よい6年半だったと思います。あの時、苦労して良かったなと、思います。

▶ F-2は、どんな戦闘機ですか？

✈ 非常にいい機体に乗っていると感じています。対地・対艦というF-2にしかできない任務があり、ミッションのフィールドが広い戦闘機です。

第3飛行隊が三沢基地にあったころは、共用しているアメリカ空軍の飛行隊との交流や訓練も多く、アメリカ空軍のF-16との親和性もあります。似たような飛行機を使っていることもあり飛行隊同士で兄弟関係を築いて交流を深めていました。

F-2とF-16はとても似ています。細かなところの違いはありますが、上空では色くらいしか見分けることが難しかったです。

グアムで開催される共同演習、コープノースで編隊を組むF-16とF-2（出典：US Air Force）

▶ 海外訓練はどんなものですか？

✈ F-2は、海外訓練の機会が多くなっています。3つの飛行隊しかないため、必然的に参加する機会が多くなります。私もグアムでの合同演習に参加しました。アメリカ軍の基地に展開するので、日常の訓練とは環境も人も違うため、学ぶことが多くあります。逆に聞かれることも多く、その質問を通して、F-2の飛行隊に対して、どのような興味を持っているのか知ることができるのは楽しいものでした。

2月に行ったのですが、グアムは太陽がまぶしかったです。冬の三沢基地は、雪や曇りが多くて太陽を見ることがない日が多いので、違う世界にいることを強く感じました。

▶ F-2のコクピットから見る景色は？

✈ F-2のキャノピーを通して見る景色は、空との一体感を感じることができます。自分の機体以外は、全部空ですから、空の中にいる感覚です。見渡すとストレーキや主翼が目に入りますが、機体を傾けることで四周囲全方向、見ることができます。多少、姿勢が斜めになっていても、姿勢を乱すことはなく、そのまま止まっているように感じます。背面飛行になってもFBWのおかげでトリムが取れて、飛行姿勢が崩れることなく、そのまま飛んでいます。

編隊で飛んでいる時は、僚機や青空とか星空など非常に美しく感じます。一人で戦闘機に乗っていて見ることができる光景は、誰にも共有できない世界なので、F-2パイロットになって良かったと思います。

第8飛行隊の整備員の待機所では、この日、初めてのフライトに向けたブリーフィングが行われていました。各機体の担当の割り当て、フライトに使う機体の状況などの情報共有が行われます。

 整備班長からは、休暇の取得状況などの確認なんかもあります。このあたりは、**普通の企業の朝礼と変わらない**かもしれません

 待機室の隅には、列線整備に使う工具が、整理されて置かれていました。一つ一つ、使い方を聞いてみたいです！

3 | 雨中の飛行準備
第8飛行隊

ブリーフィングが終わった列線整備員たちは格納庫へと足を進めます。

格納庫内に置かれた F-2A を整備する整備員は、工具を手にすると機体に取り付きコクピットや降着装置など、テクニカルオーダーに指定された点検整備を行っています。

既にエプロンに引き出された F-2 を担当する整備員は格納庫内のラックに置かれた雨具を身に付け、さらに工具を収めた腰ベルトを腰に巻いてエプロンへと歩いて行きました。

格納庫内で点検整備を終えた F-2 は、3t けん引車とトーバーでつながれ、エプロンの定位置へとけん引されていきます。

 機体をエプロンのどこに置くかは列線整備員の**担当者が決めています**

 格納庫内の機体を担当できるかは、機体の運用状況や、前日に格納庫に収められた時の配置によるようでした

F-2がエプロンの定位置に並べられるとともに、いろいろなものを載せた台車が格納庫からやってきます。高い場所を点検するための脚立をたくさん載せて、機体のそばに一つ一つ下ろしていきます。また、機体ごとにまとめられた整備用の工具をのせた台車もありました。

 格納庫に並べられた脚立の天板には、滑り止めが貼られていました。**パンサーの足跡**になってる！

 3tけん引車に牽かれているのは**圧縮酸素・窒素のタンク**。タイヤの空気圧調整などに使っています

　F-2 は前脚タイヤの中心にトーバーを装着してけん引されます。けん引する時は、前脚のトルクリンクを外した状態である必要があります。タクシー時、F-2の前脚の向きは油圧によって制御されるため、トルク

リンクがつながった状態でけん引すると負荷かがかかってしまうためです。
　駐機後は、前脚タイヤの向きを微調整しながら、頂点の穴にピンを刺してトルクリンクを固定します。

　機首の両側面にある左右に 2 つずつある静圧口は、機体周辺の大気圧を計測するために空気を取り入れるための小さな穴です。ここに異物が詰まると、大気圧の測定ができなくなり、気圧高度や対気速度が正確に測定できなくなります。

 別の機会にF-2の機体の上に乗せてもらったことがありますが、機体表面がなめらかで後部は外に傾斜しているので、濡れている機体の上は怖そうです

機体下面の点検箇所は多いようです。ストレーキの下面の
パネルを開いて内部を確認したり、主脚のタイヤやダンパー
などをライトを当てて時間を
掛けて点検していました。

立って作業ができる範囲も
広いので、ファントムⅡより
も楽です

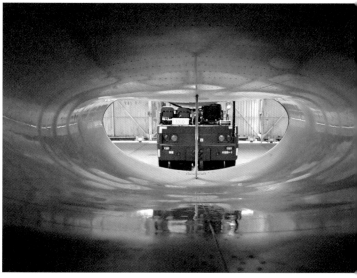

　靴を脱いでインテークの中に入り、エンジン
前端のファンの点検を行います。奥の方は座る
ことができるくらいの高さはあるようですが、
手前は高さがなく、ヒーターストラットも立っ
ているので、出入りは大変そうです。

　列線整備と燃料補給を担当する隊員の方がエプロンで打ち合わせをしています。作業を行う整備員だけでなく、スムーズに作業が進行するように全体を見守る人たちもいます。

　機体の点検が一段落すると燃料補給車が機体の隣に停められ、給油用のホースが整備員の手によって機体へと引き出されます。機体との接続や燃料補給車の操作は、燃料に関する任務を行っている部隊である補給隊に所属する隊員によって行われます。

燃料ホースは地面を這わせるので、雨の日は濡れて、作業は大変そうです

　胴体下面の主翼付け根付近にある給油口に燃料を送ると、主翼の内舷パイロンに取り付けられた増槽にも燃料が行き渡るようになっています。

　増槽の内部は3つに仕切られていて、専用のキーを増槽後部に差し込んで回すことで、使用する燃料室を使い分けることができて、搭載量を調整することができます。

 設定通りに燃料が満たされたかどうかは、増槽を叩いてみると、空になっている部分との**音の違いで分かります**

　増槽には2種類あり、側面の点検口の形状で見分けることができます。点検口が縦長の楕円になっているものは分割して整備が可能で、主に訓練用に用いられます。

 エプロンに並ぶF-2Aを見て回りましたが、点検口が横長の楕円になっている増槽を主に取り付けていました。**ア メリカ製のようです。縦長の楕円の増槽は日本国産でした**

　点検作業が終わる頃、降り止まないと思われた雨が止み、
雲の切れ間から太陽が差し込んできました。
　F-2のキャノピーを全開にして、整備員たちが雨粒を丁
寧に拭き上げます。

　午前11時ごろ、第8飛行隊の隊舎ではウェザーブリーフィングが行われています。築城基地周辺の天候状況がプロジェクターで映し出され、気象隊の隊員から、このあとの天候は回復傾向で晴れ間も望めるという解説がありました。

　その後は飛行隊長からの訓示や、場所を変えて飛行班長からの訓練の予定などが通達されていました。

 築城基地では主に、**長崎県沖・山口県沖の訓練空域**を使うことが多いですね

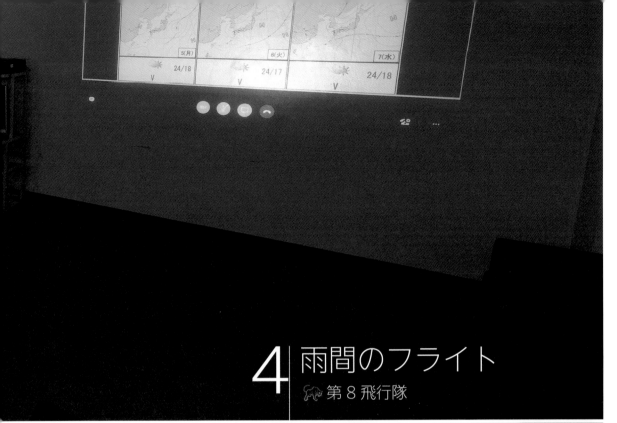

4 雨間のフライト
第8飛行隊

　この後、飛行訓練を行う4名のパイロットがブリーフィングを行っていました。
　訓練に使用する機体の状態や使用する訓練空域、それぞれの機体の状態がまとめられたホワイトボードを指し示しながら、訓練の目標の確認が行われています。2機対2機の状況での訓練を行うようです。

 いろいろな状況を想定した訓練を行っているのですね

　編隊を組むパイロットごとに、各状況によってどのような機動を行うかを話し合っています。
　訓練の目標にあわせた状況を作り訓練の精度を上げること、その中でも安全を確保するために、入念なブリーフィングが必要なようです。

 パイロットに与えられた課題をクリアするために飛行訓練を行います。課題は常に更新されるので、**ゴールはありません**

救命装具室とよばれる、パイロットが装着する装備が
並べられている部屋に入ります。

まず、腰から脚を覆うような耐Gスーツを装着しま
す。下向きの荷重がかかった時に下半身に血液が集まっ
てしまうことで脳の血液が少なくなり失神してしまうの
を防ぐものです。次にベストを装着します。コクピット
内のシートと体をハーネスでつないだり、緊急脱出時に
使うツールなどが収められています。

 F-2用のベストは、サイドスティックを操作するのに邪魔に
ならないように、F-4やF-15のベストに比べて、**脇がスッ
キリ**しています

ヘルメットとマスクを装着したら、酸素供給用のパイ
プと交信用のコードをテストします。機械に接続すると、
マスクに空気が送り込まれ、ヘルメットに内蔵されたス
ピーカーに音声が流れることで、機能を確認することが
できます。

ヘルメットをバッグに詰め、隊舎の正面の扉から出て、
F-2へと向かいます。先ほどまでの雨は上がり、雲の切
れ間から強い日差しが降り注いでいました。

搭乗する機体に到着するとフォームと呼ばれる書類を確認します。燃料の搭載量や不具合の修理状況など、機体がどのような状態になっているかがまとめられた書類で、内容を確認したらサインをします。

搭乗前の機体点検を行います。パイロットは、テクニカルオーダーに記載されている点検箇所と順番の内容を把握しておいて漏らさず点検しなければなりません。

アメリカ軍では MIL 規格（MIL-SPEC：ミルスペック）にテクニカルオーダーの書き方が決められています。航空自衛隊も準じたものになっているようで、機首から時計回りに点検を行うのも、アメリカ空軍と同様です。

 降着装置やアレスティングフックが不意に作動してしまわないように刺さっている**セーフティーピンを抜くのもパイロットの点検事項**に含まれています

点検を終えると搭乗ラダーの前で列線整備員と敬礼を交わし、コクピットに乗り込みます。整備員の手を借りてシートとベストを接続し、ハーネスを締め込んで、エンジン始動の準備が整います。

 訓練内容を記録する媒体をセットしたり、**メーターやスイッチの状態を確認**したり、やることがたくさんあって大変そうです

機首のピトー管にかけられた、パイロットと通話するためのインカムを整備員が装着し、エンジンが回り始め、点検が終わるとタクシーアウトとなります。

 エンジン始動時は機体後部に消化器を持つ整備員が付くことになっています。反射ベストを着ているのは**OJT（オン ザ ジョブ トレーニング）中**の整備員です

Nest of F-2

滑走路脇に設置されたガラス張りの
モーボ（モービル コントロール ユニッ
ト）にパイロットが入り、滑走路端に
整備員が集まると、エプロンを出た
F-2 の列がやってきます。

 モーボは離着陸を見守るために滑走路脇に
設置された監視所のようなものです。離着
陸を行うパイロットが**所属する飛行隊のパイ
ロット**が入ります

 モーボまでは、キャノピーバイクで移動するの
ですね

5 | 4 機のフライト
第 8 飛行隊

インテーク右下に国産のJ/AAQ-2を搭載して離陸する555号機。J/AAQ-2は夜間や悪天候時に視界を確保しつつ攻撃目標の確認などを可能にする高性能の光学センサーが搭載されているようです

降着装置を折りたたむ539号機。F-2の降着装置はF-16と同じ構造になっています。小さな機体に格納するために、折りたたまれるのにあわせてタイヤが回転するような機構があります

インテーク右下にAN/AAQ-33を搭載して高度を上げる540号機。
AN/AAQ-33はアメリカ製の照準ポッドで、光学センサーに加えて
レーザー発信も行うことができ、爆弾投下目標の指示も行えます

FBWによって制御されてフラッペロンは下げ、水平尾翼は上げで上
昇を続ける510号機。斜め後方からもパイロットの肩が見えること
から、視界の良さが伺えます

フライトリーダーの555号機を先頭に、斜めの直線上に等間隔に編隊を組むエシュロン編隊で基地滑走路上に進入する4機のF-2。右へブレークするために、左後ろに向かう編隊となっています。

オーバーヘッドアプローチと呼ばれる、滑走路上を航過してからターンして着陸するパターンのために、1機ずつ編隊を解いて360°ターン。この日は西からアプローチしています

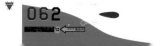

Nest of F-2

ドラッグシュート（Drogue Chute：ドラッグシュート）が開く様子。
垂直尾翼付け根後端から誘導傘と呼ばれる小さなパラシュートが
飛び出します。誘導傘が風を受けることで制動傘が展開します

F-16にもドラッグシュートを装備するオプションがあり、ノルウェー
などが運用しています。F-2のドラッグシュートと同様に垂直尾翼付
け根に装着されています

ドラッグシュートが開くと「ボンッ!」と音が聞こえてきます。まるで雨傘を勢いよく開いたような音です。ドラッグシュートが大きいため、横風があると滑走路から逸脱しそうになることもあるそうです

ドラッグシュートを開くかどうかはパイロットが任意に決めることができるようです。基本的には、機体の重量と風向きなどを勘案して開くかどうか決めます

滑走路の西から着陸した F-2 は、滑走路東端まで滑走してきて、誘導路へとターンします。待ち構えていた整備員のハンドサインで、少しエンジンを吹かすとしぼんでいたドラッグシュートがフワッと広がり、機体から切り離されます。

 風が強い日は整備員がドラッグシュートを支えながら切り離すこともあります

切り離されたドラッグシュートは、整備員の手で回収されます。

機体に取り付ける側になるドラッグシュートを収めている袋を手に持ち、全体を二つに折ってから、くるくると巻いて、最後に誘導傘を巻き付けて持ち運びやすいようにまとめます。

まとめられたドラッグシュートはクルマに積み込んで、ドラッグシュートを乾燥・折りたたみを担当する救命装備分隊に届けます。

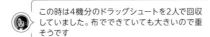
この時は4機分のドラッグシュートを2人で回収していました。布でできていても大きいので重そうです

20kgくらいあります。雨に濡れると、更に重くなるので大変です

飛行後の点検を終えて、パイロットが飛行訓練の内容を話しながら
隊舎へと歩いています。実のある訓練となったのか、笑顔も見られ
ました

パイロットが去ったエプロンでは、列線整備員の手で次のフライト
に向けての整備が行われています。運用の都合なのか、格納庫に戻
される機体もありました

　救命装具室でＧスーツを脱いだ、飛行訓練を主導する立場のパイロット二人が、透明なプラスチックが張られた机にグリースペンで、訓練の状況をコマに分けて順番に描いて、デブリーフィングの準備が始まります。

　訓練で教育を受けるパイロットが、各状況でどのような行動をしたかを描き足していきます。

 ブリーフィング・デブリーフィングで使う机の上には、**グリースペン、描いた絵を消すためのアルコールとぞうきん**が置いてあります

 毎回の飛行訓練に課題があり、その課題に真剣に取り組んでいる様子を目にして、こちらまで身が引き締まるようでした

　「デブリーフィング」は飛行訓練後に、その訓練内容を振り返ることで訓練の精度を高めるために行われます。まず訓練を主導するパイロットが訓練の各状況を振り返ります。そして訓練を受ける立場のパイロットが、

各状況においてどのような判断をして、どのような行動をしたかを説明します。その判断は適切だったか、より良い行動があったのではないかなどを、訓練に参加したパイロットと検討していきます。

6 雨降るナイトフライト
第8飛行隊

時折、雨粒が落ちてくるような曇天の中、パイロットが機体に乗り込み、ナイトフライトの準備が始まりました。各日の1回目の飛行訓練を1st. フライト、以後2nd. フライト、3rd. フライトと呼び、日没にかかるような飛行訓練はナイトフライトと呼ばれるようです。

日没まで1時間ほど前にもかかわらず、雲は厚く機体の下に潜り込むと手元が暗いという状況で、懐中電灯を手に飛行前点検が進められます。

> スピードブレーキは手で開き、内側も点検します

> ヘルメットバッグや飛行訓練の内容を記録する媒体などを収めたバッグは、搭乗ラダーのフックに掛けた状態でパイロットが乗り込み、シートに座った後に整備員が手渡します

> フォームを入れるバッグは、**救命装具分隊製のオリジナル**だそうです。第8飛行隊の"8"が描かれています

エンジンを始動する状況になると、インカムを付けた機付長が機体の正面に、もう一人はジェットフィエールスターター（機内に搭載されたエンジンを始動するための装置／Jet Fuel Starter＝JFS）作動時に排気口が開く機体左後方で消火器を持って待機します。

暗くなると、安全のために全ての整備員が反射ベストを着ます

エンジンが安定すると、整備員は機体後方に移動して動翼の作動チェックを行います。インカムの通話だけでなく、ハンドサインも使いながらコクピットのパイロットとコミュニケーションを取り、規定の順序で動翼を作動させて確認をします。

主脚が意図せず折りたたまれないように差し込まれているピンを抜いて、パイロットに見せる整備員。点検手順が一通り終わり、主脚タイヤにかけられたチョーク（輪留め）を外したらタクシーアウトとなります。

機体各部の航法灯を点灯させてタクシーアウトするF-2。タクシー中に前方を照らすタクシーライトは前脚扉に、着陸時に使うランディングライトと並んで装着されています

夕闇が深くなる中、F-2が誘導路を進んできます。緑と赤のライトを手にした整備員によってラストチャンスの定位置にF-2が停止します。

懐中電灯で照らしながら、日中のラストチャンスと同じように点検が進められています。

 現在は**使用されていない滑走路**中央から、F-2の姿を見ることができました

0s | 夕暮れを迎えても風向きは変わることなく東からの風のため、滑走路の西端から滑走を開始します

1s | エンジンノズルからアフターバーナーの炎が伸びています。アフターバーナーは、ジェットエンジンの排気に燃料を噴射してエンジン出力を増加させる装置です

2s | アフターバーナーを使用している時は、燃料を大量に消費しますが、推力が大きく向上します

3s | アフターバーナーの使用には、燃料の消費量やエンジンノズル付近の耐熱限界などによって、使用時間の制限があります

4s | 降着装置に取り付けられたセンサーが、タイヤが地面から離れたことを検知すると、FBWが空中モードに自動的に変更されます

5s | アフターバーナーの炎の中に見える等間隔の円は、ショックダイアモンドと呼ばれる、排気流の中で起こる衝撃波や連続的な圧力の変化によるものです

格納庫の照明でわずかに照らされた、着陸後にドラッグシュートを
引いて滑走するF-2。ドラッグシュートが網目状になっているため、
滑走路北側施設の照明が透けて見えています

7 | 1日が終わる
第8飛行隊

格納庫の外壁面に取り付けられた水銀灯に照らされるエプロンに
F-2がタクシーしてきます。赤と緑のライトを持った整備員に誘導さ
れてスポットに停止して、主脚タイヤにチョークが掛けられると、す
ぐに飛行後の点検が始まります。

Nest of F-2

開いたキャノピーを通して見ると歪んで見えますが、パイロットの視点では**視界には歪みがありません**

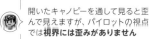

F-2のエンジンが停止してパイロットが機体から降りると、飛行後点検が進められます。暗い中でも、飛行後に決められた点検を行い、給油も行って、飛行できる状態としておきます。

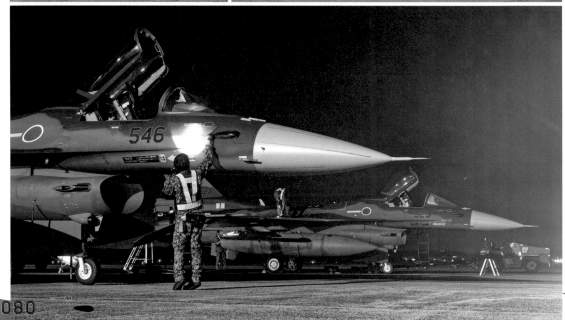

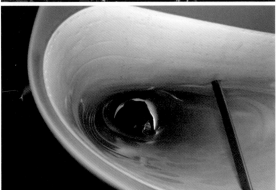

　懐中電灯を手にした整備員の方々が機体の各部を点検していきます。

　インテークやエンジンノズルの中、主翼端や胴体の後端など、機体の各部を点検するので、離れて見ていると懐中電灯の明かりがチラチラときらめいて美しく感じます。

整備が終わった機体はけん引車で格納庫に収められます。夜間は全ての機体を格納庫に収めておくことになっています。

 けん引車と機体をつなぐトーバーには「第8飛行隊」の文字とともに、**黒豹のマーク**が描かれていました

 FODはForeign Object Debrisの略で、ジェットエンジンを損傷させるようなゴミのことです。パーツが脱落してエンジンを損傷させることがないように定期的に検査しています。検査を受けるとFODの欄に色のテープが貼られます。エプロン内に入れる機材には、ほぼ全て貼ってあります

エプロンをぐるりと回って格納庫前までくると、機体の左右前後に
整備員が付いて周囲の安全を確保しながらバックで機体を格納庫
に収めます

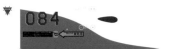

Nest of F-2

全てのF-2が格納庫に収まると格納庫の扉が閉められ
ます。F-2の垂直尾翼よりも高さのある扉を、1枚に1
人の整備員が押して閉じます。

 真ん中になる扉は、移動距離が一番長いだけでなく
て、摩擦も大きくて大変そうでした

格納庫の扉が閉まっても、翌日のフライトに向けて整備が行われます。フォームを参照しながら各機体の状況を共有することで、翌日に運用する機体や、整備を行う機体の検討も行っています。

待機室では、翌日の人員配置の確認が行われていました。

 作業を終えてのんびりと談笑する姿も見て、仕事を楽しんでいるのだなと感じることができました

About 8Sq.

第8飛行隊の飛行隊長に、飛行隊のこと、F-2のこと、パイロットのことを聞いてみました。

2等空佐 月沢 聡良
一般95期
大学卒業後、一般幹部候補生の飛行要員として入隊して、初度は第8飛行隊に所属。1年の幹部学校を経て、第3飛行隊に所属。統合幕僚監部、航空幕僚監部を経て、第8航空団飛行群本部飛行主任という立場ののち、第8飛行隊長となる

第8飛行隊はどんな部隊ですか？

戦闘機操縦者としてのあるべき姿を追求するという姿勢は、三沢基地に第8飛行隊が置かれていた頃と変わりません。皆が同じように、あるべき姿を追求するように、一緒に勤務しています。第8飛行隊で育った人たちが他の部署に異動になった時に「さすが第8飛行隊だな」と言ってもらえるような人材を育てたいと考えています。人を育てるのが部隊の仕事であるとい

うことも伝統だと思っています。

パンサー会、黒豹会といって、第8飛行隊に所属したことのある人たちのつながりがあり、他の基地を訪れても第8飛行隊時代の先輩が大事にしてくれますし、後輩を面倒見たりします。

F-2 パイロットを育てるということは？

第21飛行隊を修了して配属されてきたパイロットは、知識や技量など身に付けなければいけないことがたくさんあります。空対地・空対艦戦闘についても、部隊に来てから知識を深めないといけないのです。取得しなければいけない資格があり、そのためには技術を磨かなければいけません。

教育体系があり、それに基づいて教えています。教える側になるパイロットは、フライトごとに「何を教えるのか」「達成目標は何なのか」「達成しないといけないレベルはどこなのか」というのを、必ずチェックします。

一つの資格を取ると、次の資格取得が求められますし、新しい装備品や戦技が導入されるので学ばなければいけないことは逐次更新しています。私が初めてF-2に乗った頃と、今のF-2は全く違います。積んで

いるウェポンも違えば戦い方も違うので、新しく配属になってくる人たちは、任務の幅が格段と増えているので、覚えないといけないことが多くて大変だろうなと思います。

　飛行機だけで戦うという戦闘はありません。他機種の飛行隊や他国との共同訓練などでも、ミッションプランを立案する能力が戦闘機操縦者として重要になっています。そのためには、多くの機種の戦闘機の能力や戦い方を知って、考えておかなければいけないというのが、最近、能力として大きく求められているように思います。

→ F-2は、どんな戦闘機ですか？

✈ F-2の母体となったF-16が空対空戦闘機ですので、F-2は空対空でも使用できる戦闘機です。当初からマルチロールとしての役割を期待して作られ、順当に改修されて育ってきた飛行機だと感じます。現時点では、航空戦力として海

インテーク右にAN/AAQ-33スナイパーポッドを搭載するF-2

から来る脅威に対処できるのはF-2しかないので、大きく期待されています。対地に関しても、ターゲティングポッドなどを活用して幅広いミッションを行えるようになっていますので、いろいろな観点で高い期待がされている飛行機だというのは間違いありません。

　F-2のコクピットに装備されたMFDによって、情報を得やすくなっています。一緒に飛んでいる仲間に対して指示するシーンがあるので、誰がどこで何をしているかを把握している必要があります。そのために、F-2のシステムを使いこなす能力が求められます。

　F-2は、飛行機としては初心者でも飛ばせると思えるくらい、幅広い飛行領域において安定しています。操縦に精一杯になってしまうと、戦いにならないので、人間工学に基づいてパイロットの負担を減らすように作られています。

→ F-2パイロットはどんな人？

✈ F-2のパイロットは「立ち振る舞いがスマートだね」というのは言われますね。空対空・空対地・空対艦戦闘をしなければいけないので、多くのことを知っています。アメリカ軍との共同の機会が多いことも、他機種のパイロットとの違いになっているかもしれません。

築城基地の
歴史の奥行きを感じる

北九州空港に到着して旅客機のドアを抜けると南国の空気を感じます。レンタカーのトランクに取材用の機材を詰め込んで築城基地に向かって出発です。取材は翌日からなのですが、どうしても訪れたい場所があるので1日前に現地入りしたのです。

Route#01
憧れの場所で
F-2を見に

まずは、「築城基地に行ったら絶対訪れたい」と思っていた「F-2 ビュースポット」へ。農作業車の邪魔をしないようにクルマを停めて、木立の間を抜けて歩いてコンクリートの堤防の上にでると、ほぼ東西を向いた築城基地の滑走路東端が目の前に広がります。

しばらくするとジェットエンジンの音が聞こえてきて、基地の上空を西に向かって飛ぶF-2の姿。そして、ついにドラッグシュートを引いたF-2が滑走してきてラストチャンスエリアに入り、こちらに機首を向けた状態でドラッグシュートを切り離します。背景にはバリア。まさに、SNSで何度も見て、実際に立ってみたいと思っていた場所でF-2を見ることができました。

この撮影スポット周辺は農地や漁港となっています。クルマでの移動は安全に気を付け、駐車などは地元の方々を優先して邪魔にならないように気を付けたい

Route#02
そして、ファントムⅡに
再会です

次はファントムⅡに再会するために「メタセの杜」へ移動です。

築城基地が置かれている築上町の農産品などを買うことができる物産館を中心に、メタセコイヤの林を含むエリアが「メタセの杜」という公園になっていて、そこにF-4EJ改415号機が展示さ

れています。百里基地の取材で何度も目にし「ヨイコ」のニックネームで愛着を感じていた機体に再会することができました。

エンジンノズルはなく、垂直尾翼のマークも築城基地所属時代の第304飛行隊のものに変わっていますが、もう一度その姿を見ることができたのは嬉しかったです。

周囲には広い芝生に遊具があり、子どもや犬の散歩などの日常の風景に溶け込んでいるファントムⅡ。上空は築城基地への着陸経路になっているので、F-2との共演も見ることができる

築上町物産館 メタセの杜
住所：福岡県築上郡築上町弓の師765
ＨＰ：https://metase.net/

Route#03
ランチは
ホットドッグとカレー

昼食は、フォロワーの皆さんからオススメしてもらった「サンダーバード」へ。

アメリカンな青いコンテナハウスが目印のテイクアウトショップですが、店内でホットドッグをオーダーしてテラスのテーブルで食べることもで

築城基地の近くにあるのに「新田原駅（読みは"しんでんばる"）」。滑走路延長線上で、築城基地を展望できるスポットなど、基地周辺には楽しめる場所がたくさんある

きます。カレーも美味しいと聞いていたので両方
頼んでしまったのですが素敵な空間、目前で離発
着するF-2の爆音に包まれながら、楽しく完食
してしまいました。

　戦闘機が好きで築城基地そばに店を構えたとい
うことで、店内にはパイロットのサインが入った
地元マニアの写真や、貴重なワッペンの数々、自
店デザインによるオリジナル製品が所狭しと並ん
でいます。

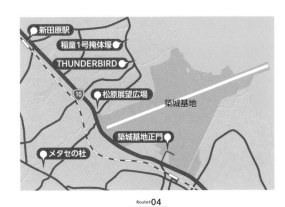

Route # 04
築城基地の歴史と
今を感じる

　太平洋戦争時に作られた掩体壕に足を運びま
す。「稲童1号掩体壕」は、中型軍用機を収める
ことができる掩体壕で、丘を削りコンクリートを
打設して作られた仕上がりは荒々しく感じます。
機銃の弾痕も見て取ることができ、掩体壕が作ら
れた1944年8月以降の築上町周辺の厳しい状
況が伝わってきて足がすくむようでした。

　築城基地の滑走路西端に近い松原展望広場で
は、高台があって今の築城基地の全体を見渡すこ
とができます。西からF-2が高度を下げてきて
目の前を通り過ぎ、着陸してドラッグシュートが
ひらく時の「パン」という音を響かせながら、東
に向かって滑走していく様子全体を見ることがで
きます。

　この広場は幹線道路を曲がってすぐにあり、近
隣に住む人にとって、基地は身近なものとして感
じられているのではないかと思わせられました。

テイクアウト用のバッグに第6,8飛行隊のイラスト
を描いてくれた。季節でメニューが変わるようだ。
あくまでテイクアウト中心のお店のためトイレはな
く、近隣への配慮を忘れずに訪れたい

THUNDERBIRD inadoubunker
住所：福岡県行橋市稲童392-1
ＨＰ：https://www.instagram.com/thunderbird.0725/

海軍の基地であった築城飛行場周辺の起
伏ある地形に、多数の掩体や司令部などの
軍事施設が作られた。その中でも大型の掩
体壕を「第1号」として保存。同敷地内には
空襲により銃撃を受けたレンガ塀が移設さ
れるなど、太平洋戦争末期の基地周辺の様
子を伝える史跡となっている

稲童1号掩体壕
住所：福岡県行橋市大字稲童1095-17ほか
ＨＰ：https://www.city.yukuhashi.fukuoka.jp/site/bunkazai/1307.html

見晴らしの良さにはしゃぐ取材班。阿
蘇山へ続く山々を背景にアプローチし
てくるF-2の姿は勇ましく見えた

松原展望台広場
住所：福岡県行橋市大字松原222-3
ＨＰ：https://www.city.yukuhashi.fukuoka.jp/site/kanko/2762.html

[1]午前中は晴れだったのに...：ほうじ茶@GreenTea_F22,百里基地,20221204/[2]F-2A 機動飛行：蒼雅@TFTG_8094,百里基地,20221204/[3]準備万端：エルム@M6osb6PNvCiBrRL,百里基地,20210905/[4]勇壮華麗：しゃも@y_lFOmwOSIBjVAIH,百里基地,20230320/[5]航空祭予行：アニキB.R.B@hirobrb,百里基地,20221203/[6]アンチコのキラリン：ゆきえ@ゆっき～☆,百里基地,20221116/[7]河野太郎元防衛大臣搭乗：Norick@Norickapex1220,百里基地,20200805/[8]初めましてのF2戦闘機さん！：ハシモト@peco_12b2,百里基地,20201021/[9]黄昏のダンス：Sakura@Sakura,百里基地,20230214/[10]ナイト訓練着陸：アラタ.31@arata313131,百里基地,20210406/[11]ドラッグシュート：ささき@sa_sakidesu,20230206/[12]桜とF-2：梅組太郎@-,百里基地,20200402/[13]F2ですが、なにか？：まりうす@ClipperRx4,百里基地,20201111/[14]2022 百里基地航空祭でのF-2：Zester@zester106,百里基地,20221202

[15]歴史的瞬間：Himazin@himazin_180sx_F22,百里基地,20230119/[16]鶴と蛇：亡霊釜@Phantomil81,百里基地,20230120/[17]異国の仲間を引き連れてホームベース
に帰還：高久 和樹@kazukih0129,百里基地,20220928/[18]共同訓練：山隈智之@-,三沢基地,20161028 /[19]爪痕は残せたか？：tomo@GDB2004,百里基地,20230127/[20]
F-2&F-16：GARUDA@GARUDAF15,横田基地,20230521/[21]-：gripen501@-,横田基地,20230520/[22]：樫村@-,-,-/[23]新天地へ旅立つ第3飛行隊：ユーガ@yu_
ga2652,三沢基地,20190908/[24]桜花爛漫：オポッサム@0possum787,三沢基地,20140907/[25]坂東武者とガマガエル：しげ@Maxcoffee_can,百里基地,20201119/[26]世代交代：
たわし@kaze_yuki_uw,百里基地,20230118/[27]受け継がれし伝統：下ノ平 潤@mh81b_dm44b,百里基地,20181202

093

[1]-：村上智昭@_,那覇基地,20221211/[2]築城基地航空祭：ジェ@wizard330,築城基地,20221127/[3]まるで航空祭：急行鷲羽ちゃん@nakatai_minbu,築城基地,20211206/[4]mirror：シグナス@cygnus855,築城基地,20221127/[5]西日本の防空の要：フラリパ@malts_1634,築城基地,20221127/[6]-：モグ子@_,白里基地,202104/[7]マルチロール：和泉 貴広@TKHR,築城基地,20110725/[8]帰還：tomosan@ganotaarcher,築城基地,20220323/[9]8.6の空へ：もぐら@m0gura_,築城基地,20210806/[10]2019年の八咫烏：あんぱん太郎@QLn9j5rAvBBTknZ,築城基地,20190919/[11]対地攻撃：nike-11@fieldimc,富士総合火力演習会場,20090830

[1]揃い踏み：高梨惇也@jp7emu,岐阜基地,20190625/[2]練習終わり！航空祭に向けて：篠原健哲@Photo_K2maru,岐阜基地,20221023/[3]岐阜の住人達：M Crew@alpscrew,岐阜基地,20211111/[4]静浜：EPカワセミ@kawasemi_exe,静浜基地,20220522/[5]F-2は正義：Mumbo_Ghost@Mumbo_Ghost,岐阜基地,20220227

第8飛行隊

2009年～　三沢基地
2016年～　築城基地

Photo Album

[1]築城航空祭2019：よっしー@himana25,築城基地,20191208/[2]弾ちゃーく 今っ！：桂川 展明@桂川,展明,築城基地,20221127/[3]パンサ～！：そのやん@sonson625,築城基地,20221126/[4]戦士の帰還：アサカワ@asakawa_galm,築城基地,20181105/[5]パンサーランディング：もとさん@mirakuru17,築城基地,20220314/[6]漁港より：うー@F0033ktyru,築城基地,20211123/[7]離陸する第8飛行隊のスペシャルマーキングF-2：AREA884@AREA884,百里基地,20181111/[8]ハイレートクライム：もぐ子@-,築城基地,202104/[9]洋上迷彩仲間：31Doya_kara@31doya,浜松基地,2010-

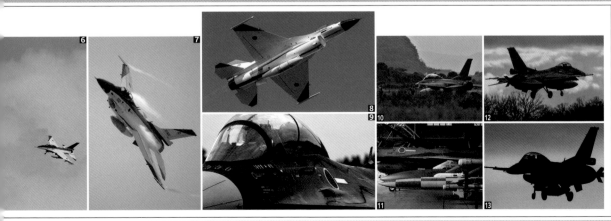

[6]テスターカラー：しごとだけ@nw2km,岐阜基地,20200803/[7]航空自衛隊静浜基地航空祭2023にて：vaze32@vaze32_TAKEOFF,静浜基地,20230528/[8]クリーン：けんさん@埼多摩@k_inoue1969,岐阜基地,20181125/[9]いざ出撃：環@tamachan700cS2,岐阜基地,20221113/[10]～：まっつ@Matz_mambosquid,岐阜基地,20210720/[11]Armaments:増田裕太@bandainokairai1,岐阜基地,20221113/[12]Sunset:kenneth0213@kenneth0213,岐阜基地,20210209/[13]岐阜ナイト：CASTLE 41@NRT0324,岐阜基地,20200702

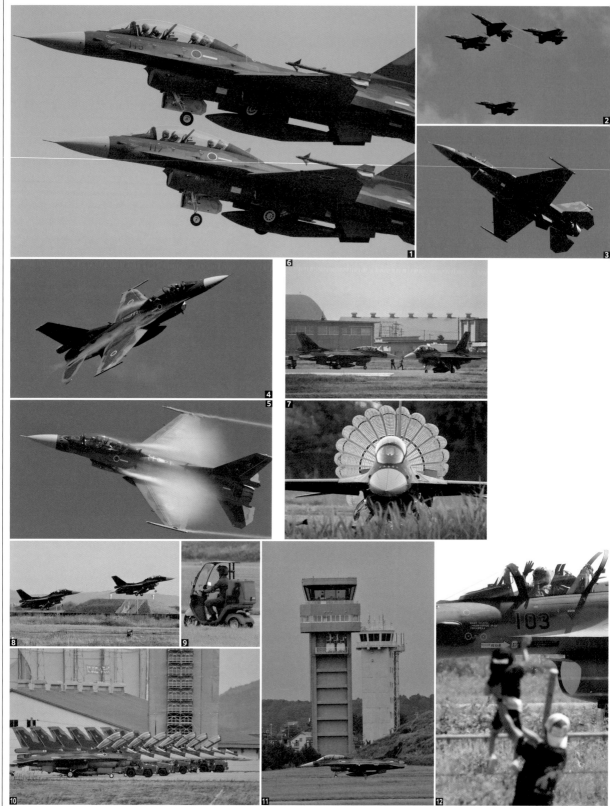

[1]F-2大好き：石川 正光90たんく@山形,三沢基地,20190908/[2]ミッシングマンフォーメーション：shin@shinrota1102,松島基地,20221026/[3]サーキットの空を巡る：Ryu Goto@PlatinumStar77,ツインリンクもてぎ,20171112/[4]碧・青：佐々木恵美@noahko513,松島基地,20221026/[5]天使の羽根：飯塚裕之@hiroii3943,松島基地,20180822/[6]帰ってきた風景：オトちゃん@oto_chan1127,松島基地,20230518/[7]ひまわり：biwing_692@wingBlue692,松島基地,20220630/[8]黄昏の3rd：くろメガネ@perfume2014920,松島基地,20191105/[9]松島基地ならでは：プロちゃん@boatbeat,松島基地,20210917/[10]総員、整列！：そむにあ操縦士@insomnia708,松島基地,20200220/[11]タキシーアウト：渡邊秀則@_Soranchu_,松島基地,20220805/[12]ほっこり：コンブル@k12_konburu,松島基地,201805

Artworks for F-2

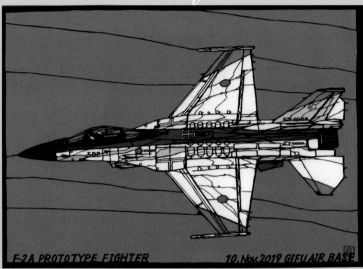

F-2A PROTOTYPE FIGHTER   10. Nov. 2019 GIFU AIR BASE

[上]F-2A 502 [下]F-2A 544

Artwork by : たにくままん
X : @zinmami18

青空に映える白いF-2の機動飛行がとても素晴らしかった岐阜基地
航空祭。その思い出に切り絵を作りました。ノーマル塗装のF-2も切
り絵にしました。ラストファントムを撮影しに出かけた際の1枚です。

3SQ F-2 リトグラフ

Artwork by : 梅組太郎
X : @-

コロナ禍で中々パイロットサ
インを貰えませんでしたが、
昨年の百里基地航空祭で沢
山頂くことができました！
まだまだあまちゃんですが、
これからも常に持ち歩きサイ
ンを沢山頂こうと思いま
す！！

Artwork by : Kudryavka
X : @_kudryavka_trop

二機編隊のF-2A/Bがブレイクする瞬間を描き出しました。平滑
な機体と主翼上面に光が当たったときに見える表情がF-2の魅
力だと思っているのでそこを特に描き込んでいます。

F-2

Artwork by : SSSS
X : @SSSS_minecraft

航空自衛隊F-2Aをminecraft
で再現しました。ハイGターン
がお気に入りです。
ともにMinecraft内の造形作
品です。二枚目の背景には、ぱ
くたそ(pakutaso.com)様よ
りフリー素材を使用しました。

8SQ60周年記念塗装機
モチーフパーカー

Artwork by : -
X : @-

8SQ60周年記念塗装機を
モチーフにしたパーカーを作
成し、昨年の築城基地航空
祭にて着用させていただき
ました。
翼の黄色いライン、お腹の
⑧のマーク、そしてフードに
はお目目を付けてみました

School of F-2

松島基地は、日本三景の一つとされる松島の東にあり、F-2 パイロットの育成を行う第21 飛行隊が所属しています。ブルーインパルスの愛称をもつ第 11 飛行隊も所属していて、戦術飛行隊のない基地になっています。

山から海への風が強い地域にあって、海岸線に沿って東西に延びる滑走路のため日常的に横風での離着陸を行うことになる、難しい飛行場であるようです。

未来の F-2 パイロットの姿を間近に見るために、初夏を思わせる快晴の松島基地を訪れてみました。

1 さまざまな朝
第21飛行隊

　朝日の照るなか、隊舎の前に教官パイロットと学生が整列しています。第21飛行隊での教育課程を終える学生のための式典が始まりました。

　名前を呼ばれた3人が前に進むと、実戦部隊へ配属が告げられます。教官パイロットからは、第21飛行隊での面白いエピソードを踏まえながら、戦闘機パイロットとして訓示がありました。

　握手やハイタッチ、そして万歳三唱で送られた3名は、颯爽と走り去っていきました。

赤い帽子を被っているのが学生です。パッチの色も見分けるポイントになっています

月曜日の朝には定例的に FOD チェックが行われます。滑走路やエプロン、誘導路など航空機がエンジン稼働状態で移動する場所に異物が落ちていないか、基地に所属する隊員が総出でチェックを行います。赤い帽子を被った学生も等間隔に並んでエプロンをチェックしています。

通常の朝だと、ウェザーブリーフィングから始まります。教官パイロットと学生が集まって、気象隊による基地周辺の気象情報の解説を聞き、訓練への影響などを検討します。

2 | 学生を迎える準備
第21飛行隊

震災後に 4.5m かさ上げされたエプロンに、新設された格納庫から F-2B が次々と引き出されてきます。赤白旗をもった整備員が、格納庫から引き出すタイミングを調整しています。

けん引車を運転する整備員とペアとなる整備員が駐機スポットに先回りして誘導を行い、トーバーを前脚から外す作業を行っています。

けん引車を格納庫へと戻し、飛行前準備がはじまります。

> 担当する機体とペアを組む整備員は、ほぼ決まっています。**特定の機体の整備責任を負う機付き長**という役割もあります

飛行前準備が始まります。機体各部に整備員がとりつき、タイヤの空気圧やセンサーの汚れ、インテークやエンジンノズル内に入ってエンジンの外観に異常がないか確認を行います。

　電源が必要な整備を行うために電源車が使われていました。
ITW 社製の JO3C 型を車載としたもので、F-35 にも電源供給
できる能力を持ち、ディーゼルエンジンと蓄電池で電源を供給
することができるようです。
　電源車のパネルを操作し、オレンジ色の太いコードを F-2
のインテーク右面のコネクタに接続しています。

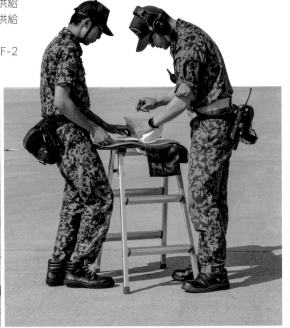

隊舎ではパイロットによるブリーフィングが始まります。常に新しい課題に向き合い、解決していくためにフライトの内容を詰めていく学生と、正しく導きながら安全を確保するために教官が、真剣に向き合います。

「F-2初の女性パイロット」になるべく、真剣な姿を見せてくれた水越さん。取材の数ヶ月後に、築城基地に配属になったようです

　救命装具室の奥へ足を踏み入れると学生の目印になる赤い帽子と旧型のヘルメットが並んでいて、ブリーフィングを終えた学生がベストと耐Gスーツを身につけています。

　救命装具室の入口付近には教官パイロットが以前に所属していた飛行隊のマークが入れられたヘルメットが並びます。

　新型のヘルメットを分解すると、こんなパーツ構成になっています。白い緩衝材のようなのは、加熱することで頭の形にぴったり整形することができるインナーです

3 | フライトへ
第21飛行隊

隊舎からエプロンへは距離があるので自転車で移動します。同乗する教官と学生が高低差4.5mの坂を登ってきます。

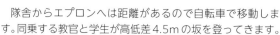
学生が優しいので、電動の自転車は教官に使わせてくれるんですよ。エプロンに入る前に**靴の裏のFODチェック**をします

二人のパイロットが揃って搭乗するF-2にたどり着くと整備員が敬礼で迎えます。コクピットに乗り込む前に、学生は機体を時計回りに回って飛行前の点検を行います。それを追いかけるように教官もチェックを行います。

そして学生と教官は、向かい合って耐Gスーツを締め込み、ストレッチをし、言葉を交わしてからラダーを登り、コクピットに収まります。

整備員の手を借りてシートベルトを締め込み、ヘルメットを被って、エンジンを始動させてチェックを終えたら、エプロンから発進していきます。

 教官同士が搭乗することもあります。この場合は、だいたい教官の技量向上のための訓練飛行を行っています

School of F-2

1 | A Day of Matsushima A.B.

スクランブル発進の訓練の様子を見ることもできました。
いったんコクピットに乗り込み、エンジン始動前の作業を幾つかしている様子が窺えた後、学生が機体を降りて、エプロンの中央に立ちます。スタートの合図で走り出す学生と整備員。ラダーを跳ねるように登り、颯爽とコクピットに収まり、慌ただしくエンジンがスタートしてタクシーアウトしていきます。

 F-2Aでのスクランブル発進を想定した訓練です

 キャノピーを閉める時、後席の教官はハンドルに手を添え、**前席の学生は教官の手を確認**することで、手を挟まないように注意しているようでした

タクシーを開始した F-2 はエプロン西端で
南へと進み、4.5m 下の誘導路に向かってス
ロープをゆっくりと降り、東端のラストチャン
スエリアに進んでいきます。

他の基地と違って、エプロンをぐるりと
回るようにタクシーするので、F-2を長く
見送れるのが印象的でした

離陸を開始し加速する中、後席の教官が手を振ります。
モーボで見守る教官パイロットが大きく手を振りなが
ら、離陸を見守ります

0s　滑走路に進入し、停止することなく加速していきます。この日は
　　滑走路東から西に向かう、25運用でした

9s　さらに加速して前脚が浮いています。多くの飛行機は、離陸時の
　　適正な迎え角が設定されていて、その迎え角に向けて少しずつ機
　　首を上げていきます

10s　主脚のタイヤも離れました。多くの飛行機で、この時の対気速度
　　　はフライトマニュアルに記載されています

15s　さらに高度を上げ、訓練空域に向かうために左へターンしていき
　　　ます

東に向かって離陸したF-2を、滑走路東端から見上げています。太平洋上の訓練空域へ向かうために、右へターンするために、右にロールしています

4 | 着陸
第 21 飛行隊

F-2はエンジンが1つの単発機なのでエンジンが停止した状態で着陸する訓練を行います。SFO（Simulated Flame Out：シミュレーテッドフレームアウト）という、エンジン停止状態を模して、エンジン出力を絞った状態でタッチアンドゴーを行います。

 SFOではエンジンが使えないので、通常よりも高度の高い位置から着陸を開始します

0s | 東から進入してくるF-2B。北からの風に対して滑走路の中心線に機体を乗せるために、右にロールして進路調整しています

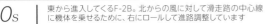

5s | 機体を水平に戻して基地の敷地上空にさしかかります

5s | F-2の主脚は構造的に弾性があるので、強く着地させると弾んでしまいます

7s | ゆっくりと高度を下げて、主脚の左タイヤが接地寸前になっています

9s | タイヤが接地して白煙が上がります。その後、一定の速度になるまで機首を上げた状態で滑走することで、効率的に減速します

16s | 前脚が接地するとブレーキをかけます。F-2の主脚タイヤには、自動車風にいうと6ポッド片押しディスクブレーキが装着されています

飛行訓練を終え、無事に着陸して滑走路を外れた学生と教官。手を
振ってくれる学生や、しっかりと前を見据えてF-2を誘導路に向かわ
せる学生。さまざまな姿が見られました

滑走路西端まで滑走してきたF-2はラストチャンスエリアで停まることなく誘導路をタクシーしてエプロンへと向かいます

5 | 飛行訓練から戻って

第21飛行隊

スロープを上がりエプロンへと入る
F-2。整備員の誘導を受けてスポットに
駐機します。

機体が停止して学生が機体か
ら降ります。整備員にヘルメッ
トバッグを預け、ラダーを降り
ます。搭乗前と同じように機体
を時計方向に回り、飛行後の点
検を行います。
　教官も同様に飛行後の点検を
行った後、フォームに飛行後の
サインをし、エプロンを後にし
ます。

School of F-2

　訓練飛行を終えた学生と教官が、フライトの内容を振り返りながら隊舎へ歩いて行きます。

　その様子からは、学生は貪欲に教えを吸収しようとし、教官は目標に向かって共に歩むように接しているようでした。

　訓練飛行が終わるとすぐに飛行後整備が始まります。給油車が近くに停まり、エンジンが止まって整備可能な状態になると、整備員がホース先端を引き出し、機体につないで給油を開始します。機体各部の点検や、コクピット内のチェックなど、次の飛行訓練に向けた整備が行われています。

> **ヘルメットを被っているのは第1術科学校を卒業して配属された新しい整備員です。**他の整備員と見分けることで指導しやすくするとともに頭部の保護も兼ねています

飛行訓練に参加した学生と教官が
集まり、内容を振り返るデブリー
フィングが行われていました。

学生たちが隊舎に集まり、その日に各自がどのような活動
を行ったか共有しています。毎日、夕方に定例的に行われて
いるようで、日々の訓練や生活の中で気付いたことを発表し
ていました。

6 ナイトフライト
第21飛行隊

夕暮れ前に西の空に向かって離陸した2機のF-2Bは、日が沈み濃紺になった東の空に帰ってきます。影になった山並みの上に着陸灯の光が見えてきて、左翼端の赤い航法灯が目の前を通り過ぎ、高度を下げ滑走路に接地する寸前にエンジンノズルから炎を吹き出しながら再び高度を上げていきます。

夕闇のグラデーションを背景にエプロンに入ってきた
F-2 はスポットに停止してキャノピーを開け、パイロット
が機体を降ります。松島基地の 1 日のフライトが終わり
ました。

 教官パイロットにも、学生パイロットを育てる技量を向上させ
るための課題があるため、**教官同士でのフライト**もあります

F-2パイロットへの道程

■ F-2のパイロットになるには、約5年かかります。自衛官としての素養を身に付け、パイロットとして必要な知識を学んだ上で、T-7・T-4での訓練を行う中で日々の課題に取り組みます。そして、多くの難関を突破した学生は、松島基地の第21飛行隊でF-2パイロットへの最後の壁に挑んでいます。

■ どのような思いでF-2パイロットを目指し、どのようにしてF-2パイロットへの道を歩んでいるのか、学生の皆さんに話を聞いてきました。

		課程	機種	部隊・基地
航空学生		航空学生課程		第12飛行教育団(防府北基地)
飛行幹部候補生		飛行準備課程		第12飛行教育団(防府北基地)
		初級操縦課程	T-7	第11飛行教育団(静浜基地)／第12飛行教育団(防府北基地)
		基本操縦課程	T-4	第13飛行教育団(芦屋基地)
			T-4	第1航空団(浜松基地)
		ウイングマーク取得		
		戦闘機操縦基礎課程	T-4	第1航空団(浜松基地)
		戦闘機操縦課程	F-2B	第4航空団(松島基地)

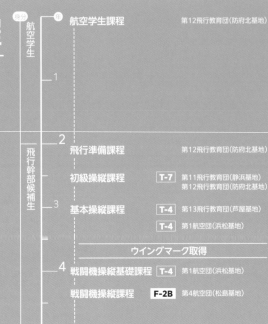

どうやってF-2のパイロットになるのでしょう？

北原 尚希
防大63期

松元 眞仁
航学73期

上向 泰蔵
航学73期

私は防衛大学校を卒業して幹部候補生学校に進みました。飛行準備課程に進んだ後は航空学生と同じ課程になります。教わることは一緒ですが、授業を受ける時期が異なったりします。

5～6人のコースに分かれて次の課程に進むようになっています。同じコースの仲間と協力し合って、なんとか壁を乗り越えています。

私と上向は、航空学生の出身です。
航空学生はまず航空学生課程の後、飛行準備課程で自衛官としての基礎的事項やパイロットとしての基本教養を身に付けます。その後T-7とT-4の初級操縦課程／基本操縦課程でウイングマークを取って戦闘機基礎課程に行ったのちに幹部候補生学校を卒業します。そして、戦闘機操縦課程として第21飛行隊に配属されてF-2パイロットになるための教育を受けています。

航空学生となってから実際に飛行機に乗ることができるまでには約2年半あるのですが、実際に飛ぶまでには不安がありました。

先に飛ぶ課程に進んだコースの様子を見ていて「大変そう。私もこなしていけるのだろうか」と不安になりましたけど、実際に飛んでみると楽しさもありました。

FTGネームは"ベンダー"です。自動販売機でジュースを買って、仲間にふるまう機会が多くて「自動販売機＝ベンディングマシーン」から、その称号をいただきました。

FTGネームはまだありません。戦闘機操縦課程の中盤になると戦技を学ぶ課程になるのですが、そこでFTGネームというのを付けてもらって使います。私はまだ前半なので、付けてもらっていないんです。

FTGネームは"メルト"です。ちょっとお金使いが荒くて、お金を溶かすからメルトになりました。仕事と休日のメリハリをつけるように教官からもいわれていて、土日はリフレッシュするようにしているのですが、ついお金を使い過ぎちゃうんです。

F-2 のパイロットになろうと思ったきっかけは？

北原 子どもの頃から民間航空機のパイロットになりたかったのですが、叔父の勧めで防衛大学校に進学することになりました。そこで航空自衛隊のパイロットを目指すことにしました。防衛大学校の研修では新田原基地でF-15に体験搭乗させてもらったのですが、F-2は対空だけでなく対地攻撃などマルチロール機であることに魅力を感じてF-2への道を選びました。

松元 祖父が自衛官だったこともあり、小さい頃から自衛隊は近い存在だったので自衛官になるイメージはあったのですが、陸海空のどの道に進むかは決めていませんでした。高校2年生の時に、ブルーインパルス4番機パイロット（当時）の立山さんに、航空学生という制度を教えてもらう機会がありました。楽しいことも大変なことも教えてもらえて、パイロットになりたいと思いました。子どもの頃に連れて行ってもらった築城基地の航空祭の影響でF-2を選びました。

立山さんは、インタビューさせていただいた教官の水野三佐と同飛行隊所属だったこともある方。空幕広報室に「F-2パイロットの養成について教えてください」とお願いした時にお会いしました！これも縁ですね！！！

上向 高等工科学校に在籍していたのですが、3年生の時に航空学生という道があることを知って、合格したので、パイロットへの道に進みました。あまり飛行機には詳しくなかったので航空学生に進んでも「戦闘機に乗ってみたい」くらいのイメージしかなくて、より新しい機種ということでF-2を選びました。「とにかく戦闘機のパイロットに」という漠然とした目標ですが、モチベーションは高いです。

実際に乗ったF-2の印象は？

北原 初めて乗った時は、凄い技術がたくさん盛り込まれた、凄く進んだ飛行機だと思います。システムがしっかりしているお陰なのか、加速や減速でも意識的に操作する感覚が少なくて、操縦しやすく感じました。F-2は、シングルエンジンなのにパワフルで、カッコイイ機体だと思います。

F110-IHI-129エンジンのノズルを覗き込んで点検する学生。推力と安定性に優れたエンジンで、F-2の強さの一因になっている

松元 「スティックはあまり動かない」と聞いていて、T-4までのセンタースティックからサイドスティックに変わることもあって、不安に思っていました。けれど、きちんと動くし手に馴染むように感じました。実機に乗る前にシミュレーターを使った訓練があり、そこでサイドスティックで操縦する練習ができるので、実機でも問題ありませんでした。

上向 私はもともと知識がないので、先に進んだ同期や先輩から聞いた話の通りという印象でした。例えば、計器類がアナログからデジタルに変わっていることを聞いていて、違和感を感じるかと思ったのです。実際に乗ってみると、考えて想像しなければいけなかったことが画面に分かりやすく表示されるので、すごく有り難いと感じました。とはいえ、操作方法など覚えることはたくさんあるので大変です。

「先入観がないほうが、いいパイロットになる」という話を聞いたことがあります。エアーシック（飛行機の乗り物酔い）も全くしないと聞きましたし、頑張っていいパイロットになってください！

教官は厳しい？

北原 教官はみんな経験豊富で優しく指導いただいています。

築城基地でパイロットの方たちに話を聞きましたが、経験の長い人ほど「人を育てる」ことに取り組んでいるようです。その中には第21飛行隊で教官を経験したパイロットも多くいました

朗らかな笑顔を見せてくれる教官パイロット。豊富な経験に裏付けられたメンタルコントロールが学生に安心を与えることができるのだろう

松元 命に関わるような危険な状態になった時は、とても厳しいです。けれど、他の所では質問したことに真っ直ぐに向き合って答えてくれるので、本当にありがたいです。

上向 どの教官でも、気になることがあれば質問しやすい雰囲気を作ってくれているので助かっています。

将来の希望や目標は？

北原 防衛大学校時代にお世話になった先輩の下で頑張りたいので、第3飛行隊を志望しています。妻の実家が関東圏というのもありますが。
海外訓練などに参加して強いパイロットになりたいと思います。色々なことを経験することで引き出しを増やして、多くの選択肢を持ちながら飛べるようになりたいです。そして、ゆくゆくは後輩へと受け継ぐようになれればと思います。

松元 私は、出身地に近いので6スコ（第6飛行隊）ですね。航空祭で見た展示飛行が格好良かったです。第6飛行隊に配属された先輩の話から「プロフェッショナルを目指している」雰囲気を感じたので、さらに6スコを希望したくなりました。
ミスをせず、他の人に被害を与えず、自分の責任で安全に飛行を続けられるパイロットになりたいという思いが一番強いです。

上向 私は、行けと言われたところで全力を出そうと思っています。強いていえば、実家が岩手なので第3飛行隊が近いかな？とは思いますが、この飛行隊じゃないと嫌ということはありません。
私は英語が苦手なんですけど、頑張って海外訓練に参加したいです。

パイロットを育てる

■ 4年以上の時間を掛けて育ててきた学生を、F-2の実戦部隊に送り出す最後の課程が、第21飛行隊における戦闘機操縦課程になります。そこには、教官の資格を持ったベテランのパイロットが、経験をもとに学生を育て上げる姿がありました。

■ どのように学生と向き合い、どのようにして実戦部隊へと送り出すことのできるパイロットに育て上げるのか、二人の教官に話を聞いてきました。

第21飛行隊では、どのような役割をされているのでしょうか？

飛行班長をやっています。パイロットとして飛行機に乗り続けたいと思っていたところ、年齢的に戦闘機に乗れなくなるタイミングで教育部隊の飛行班長の任務を与えられました。航空総隊（実戦部隊）の飛行班長も2回、やらせてもらいましたが、ぜんぜん任務が違うので、飛行班長としての役割も変わります。

学生のシラバスやスケジュールの管理も私の役割です。教官としての任務も果たしながら、全体の管理もしなければいけません。

学生の教育はどのようなことに気を使いますか？

全くF-2に乗ったことの無い状態から、F-2の資格を取らせるための教育が始まりますので、特に最初の段階は気を使います。

T-7やT-4の段階の成績とF-2の成績が逆になることもあって、あまり当てにならないという印象です。各個人の取り組み方によって、成績が変わってくるのかなという印象です。その時の学生自身のモチベーションの影響もあると思っています。

コースごとに、主任教官と副主任教官がいて、学生の課程の進捗状況やモチベーションの管理をしています。私は、その教官たちと話をすることで、学生全体がどうなっているか把握するようにしています。主任教官・副主任教官は、ほぼ毎日、学生と接するので細かいことを把握しやすいためです。

コロナ禍以降、基地を離れて食事をしながら本音ベースのコミュニケーションを取ることができない状態です。実戦部隊にいた時に、そういったコミュニケーションの大切さを感じていたので、機会を設けたいと考えています。ただ、学生を拘束してしまうのも良くないので、様子を見ながらですね。

同じ機体に搭乗する学生とともにエプロンへと自転車を走らせる教官

F-2 の教官は
後席に座るのですね？

F-2B に学生と乗る時は基本的に後席に乗ります。
必要な場合は、後席で操縦して着陸します。視界は F-4
よりはいいですが、練習機として作られた T-7 や T-4
に比べると前方の視界は限られます。教官課程という教
官としての技量を身に付ける課程があります。その課程
で、後席での着陸操縦の訓練も行います。
教官課程はまず基礎からです。基礎中の基礎をもう一度
学び直すことをします。全く F-2 に乗ったことのない
学生に教えるので、必要なことなんです。

学生が前席でキャノピーを閉める操作を行い、それを後席から見守る教官。通常は、前席
に搭乗するパイロットが機長となり、飛行前点検などをはじめとして機体の責任を負う

学生は資格がないので、機長は教官です。飛行
前点検やフォームのサインなど、機長がやるこ
とを学生がやりますが、教官がチェックします。
それでも学生がやるのは、機長として F-2 を
運用するための訓練ということです。

飛行機の状態を管理するためのフォームと呼ばれる書類にサインをする教
官。学生は飛行後の点検を終えて機体から降りている

三等空佐 川尻 英史
航学49期

第21飛行隊飛行班長。第301飛行隊（新田原基地）で
F-4パイロットに。第8飛行隊（三沢基地）と第6飛行隊
（築城基地）ではF-2に搭乗、第21飛行隊（松島基地）で
教官をやったのち、航空総体司令部に勤務

F-2 は
どんな飛行機ですか？

F-4 では暴れる飛行機をラダーペダルを
使ったりして制御するという印象でした
が、F-2 はほとんど制御されているの
で「F-2 は凄く簡単だな」と感じました。
まだちょっと発展途上ではありますけ
ど、操縦特性もいいので、かなり
優れた飛行機だなという印象
です。

タックネーム は " リ
バー " です。名字の"川尻
から取ってです。単純
ですね。

F-2の教官には
どうやってなるので
しょうか？

F-2の教官になる課程を経て教官になります。私はF-2の操縦資格はなかったので、機種転換を行ってから、F-2の教官課程を経て教官になりましたので半年ほどかかりました。機種転換と教官課程はどちらも、この第21飛行隊で実施しました。第21飛行隊は、新しいF-2操縦者を育てるだけでなく、機種転換や教官の育成も行う組織になっているのです。

第301飛行隊は、F-4へ機種転換する人達の教育をする部隊だったので、F-4への機種転換の教官としての資格は取得していますが、F-2パイロットを養成する資格とは異なります。

水野さんの第301飛行隊F-4でのラストフライト。「301」のハンドサインを掲げながらタクシー

どうしてF-2の
教官になったのですか？

私は岐阜基地の近くで育ったので、FS-Xがロールアウトして岐阜基地に飛んできた時も部活中に見ていました。研究開発に使われたF-2の1～4号機の4機も、授業そっちのけで見ていたので憧れがあったんです。

学生との
接し方で
大切にしていることは？

自分が教わる立場で嫌だったやり方はしないようにしています。ただし、飛行機であり武器を扱う戦闘機として危険なことについては厳しく教えています。なれ合いにならないように十分に注意しています。

基準に到達させるように指導はするのですが、不必要にプレッシャーを掛けたりはしないようにしています。過度なプレッシャーを掛けた結果、ここまで育てた戦力を失ってしまうわけにはいきませんし。

約5人で構成されたコースごとに主任教官が付いて、個別に面談をして心情把握をするようにしています。また、前のT-4による戦闘機操縦基礎課程からの申し送りも参考にしながら、学生一人ひとりの人となりを理解した上で接するようにしています。

学生には、週末はしっかりとリフレッシュするように指導しています。私は、いろいろと考え込んでしまう方なので、趣味でスッキリする必要があるんです。カメラのファインダーから鉄道を見ると、その世界に入り込んで周りは見えなくなるので仕事の嫌なことを忘れられます。運動することでセロトニンという幸せホルモンが出るので、体を動かすことも大切です。

話ながらカメラを構えるポーズを見せてくれた水野さん。重い望遠レンズを担いで山を走り抜けて撮影スポットを巡ることもあるという

タクシーするF-2Bの後席に座る水野さん。ハンドサインは「21」だ

F-2 は
どんな戦闘機ですか？

鉄道で例えると、F-4 は国鉄型で、F-2 は JR 型のように違います。

とはいえ、空力的な部分は変わらないので、F-4 での経験は役に立っています。また、他の飛行機との相対位置関係などの空中での判断も一緒なので、これまでの経験は充分に活きています。航空自衛隊の戦闘機に求められる任務は、大きく差異はないという側面もあります。

F-4EJ改コクピットはアナログの計器がずらりと並ぶ。機体の状態を把握するためには、計器の表示内容を頭の中で集約して再構築する必要がある

F-2 を知っていると
パイロットに
なりやすいですか？

私は F-4 が好きでパイロットを目指しました。その時、「オタクはパイロットになれないよ」と言われました。確かに、純粋に戦闘機や戦闘機パイロットへのあこがれを持っている人が、ふとしたことで心が折れて辞めていくのを見かけたことがあります。私やジオスは珍しいほうかもしれません。

航空学生の同期でも飛行機のことを全く知らずに入ってきた人もいるのですが、初期に受ける教育などで、自衛隊の任務やパイロットとして与えられる役割などを教えられるにつれて、自分の目指すべき所が補強されていきます。なので、飛行機を知っている度合いが、自衛官としての将来の差になるということはないですね。

三等空佐 水野 真和
航学54期

第301飛行隊（新田原基地）、第302飛行隊（百里基地）、第301飛行隊（百里基地）でF-4に搭乗。機種転換と教官課程を経て第21飛行隊で教官を務める

タックネームは **"マーズ"** です。宇宙人に似ているという所から、F-4 時代の先輩に付けられて、引き続き使っています。

パイロットを守る

■ 学生が操縦するF-2Bを運用するという唯一の飛行隊。そこに所属する整備員の方々は、どのような思いで機体を整備し、学生に接するのでしょうか。二人の整備員に話を聞いてみました。

学生の乗るF-2Bに特別な整備があるのでしょうか？

「学生が乗るから」というのは、特に意識しません。私たちは、常に最高の状態で機体を出したいと思っているためです。飛行前点検の時に話をすることがあるのですが、緊張している学生も多いですね。それまでは、もう乗れる状態のパイロットの方としか接したことがなかったので、違う姿を見れて新鮮に感じました。

単純に、F-2Bだとシートが2つになりますし、後席のスイッチも増えるので、整備の作業がその分増えます。第21飛行隊では主翼下の増槽は、あまり付けません。主翼下の増槽があると、エンジン稼働中の危険区域を遠回りする必要がありますし、主脚タイヤを交換する時に狭い中で作業しなければいけないので苦労します。

F-2Bは通常、主翼に増槽を付けずに運用しているので左右から真っ直ぐにアクセスできる

整備員にとって、松島基地はどんなところですか？

松島基地は風が強いと聞いていたのですが、冬場は特に山からの風が凄くて、立っているのもままならないことに驚きました。保温・発熱インナーを全身着込んで、貸与された防寒着で対応しています。築城基地では防寒着の支給はなくて、それくらい寒さが違います。

冬以外だと、エプロンの路盤が白いので照り返しが強くて日差しが強くて、半袖は着ないようにしています。ペアを組んでいる整備員の女子にも、オススメの日焼け止めを渡しました。

松島基地は第11飛行隊からなので4年目になりますが、職場は優しくて楽しいし、暮らしも過ごしやすくて、このまま松島基地にいたいなと思っています。

松島基地のエプロンは震災被害の復旧時にかさ上げされて新設されたので、真新しく路盤は白い。このため、地面からの照り返しが強い点々と見えるのは路盤に設けられたアースポイントの凹みからすくい上げた雨水

F-2には、どのような印象を持っていますか？

初めて見たのは、三沢基地の第3飛行隊がF-1からF-2に機種転換になる時です。はじめはアメリカ空軍のF-16と色が違うだけかな？という印象もあったのですが、横に並んでいると大きさも細かなところも違いますね。第8飛行隊がF-4からF-2に切り替わる大変な時期は、第11飛行隊でT-4を整備していたので、体験していないのです。

実際に触れた中でF-4と比べると、F-2はパネルを開ける時にドライバーを使わなくて良いし、エンジンも支援車輌がなくても勝手に回ってしまうので、凄く楽な飛行機だと思いました。最初は飛行のための整備の範囲で当たり前の作業をしていたのですが、勉強をしていくうちに中身も面白いなと思うようになりました。でも、F-2を築城に持っていった時は、ちょっと苦労しました。三沢基地は米空軍と共用で掩体運用していたのに対して、築城基地は列線運用などの変化が大変でした。築城は雨が多いんです。

ブルーインパルスの整備もしていたという山川さん

二等空曹 山川 利明
新隊員270期

第8飛行隊（三沢基地）に配属されて約10年、F-4の整備。平成21年に第11飛行隊で3年勤務後、三沢の第8飛行隊に戻り、部隊とともに築城基地に異動

「Line & Dock」と書かれた帽子の意味は？

「Line & Dock」と書かれた帽子

今、航空自衛隊では、列線整備と検査業務を一緒に行うように体制を変更しています。これまではエプロンで飛行機を飛ばすための整備を行うのが列線整備で、そこで不具合があると検査業務に修理をお願いするような役割分担となっていました。今は私も、列線整備を行いながら検査行為もする立場にあります。例えば列線でのタイヤ交換では、作業に入らずに工程が正しく行われているか判断する役割になります。ラストチャンスに行った時に、不具合の内容を確認して飛行できるのかできないのかを最終的に判定します。

担当するF-2を送り出す時はどんな思いなのでしょう？

第21飛行隊では、基本を凄い大事にしていると感じます。周りの皆さんも、テクニカルオーダーを見て勉強しているので、私もテクニカルオーダーを見直すことが増えました。回りくどい日本語や英語表記もあるのですが、先輩に聞いたり、部隊にある解説をまとめたものを参照したりしています。

人の命を預かっているという責任感はとても重くて、無事にランディングしてエプロンに戻ってきた時は「ああ、よかった」って思いますね。「21」ポーズをされていく教官パイロットの方が多いのですが、必ず返すようにしています。また、必ずなんでもない会話をするようにしようと思っています。学生は初めて乗る時とか、外部点検されている時は話しかけられないかな？と思いますが、乗り込んだ時には「頑張ってください」「行ってらっしゃい」とか言うようにしています。

ブルーインパルス仕込みの笑顔で「21」ポーズを決めてくれた鈴木さん

三等空曹 鈴木 里穂
自衛官候補生7期

F-2B 121号機の機付長を務める。初任地は第8飛行隊（三沢基地）で、部隊移転で築城基地。その後に松島基地の第11飛行隊に異動

F-2の整備員になったのはどうして？

高校生で進路を考える時には、テレビドラマの影響などもあって、航空機に関係する仕事に携わりたいと思っていて、専門学校へ進みました。そこで航空機の整備に興味がでてきて、自衛隊の整備員だとグランドハンドリングもできることが分かり、自衛隊を選びました。

初めてF-2を見たのは浜松基地です。第1術科校には教材としてT-4・F-2・F-15があるのですが、主にF-15で航空機整備を学びます。T-4とF-2を使うのは、機種特有の整備を教わる時だけです。女性が赴任できる基地は限られていて、その中から出身地の近い三沢基地を希望した結果としてF-2の整備員になりました。

ブルーインパルス尽くしの
東松島

日曜日の早朝に出発。東北自動車道を北上して仙台市周辺の高速道路を乗り継ぎ、仙台松島道路の終点で高速道路を降りると、ちょうど昼食の時間です。訓練飛行はないでしょうから、東松島をブラブラとしてみます。

Route#01
ブルーインパルスと
蕎麦を楽しめる

野蒜駅は、東日本大震災の被災により高台に移設されています。旧野蒜駅は震災遺構として残され、駅舎は震災復興伝承館となっています。その近傍にある「奥松島クラブハウス」の「そば処奥松庵」で昼食にしてみました。

ここで必見なのは「ギャラリー黒澤英介」。ブルーインパルスをカメラで追い続けている黒澤英介さんの写真を大判で堪能することができるギャラリーです。松島基地の周辺地域をテーマにした作品も多くて「あの写真はここで撮影されたのだな」と気付くこともあるので、松島基地近隣を訪れる前に見ておきたいところです。

❶野蒜駅の遺構。子ども公園もあり、家族で訪れても楽しめる ❷桜や紅葉に彩られている ❸海苔を練り込んだ蕎麦と近海の魚を楽しめるセットメニュー ❹展示内容は随時変更されている ❺ブルーインパルスのパイロットがハサミを入れた盆栽が展示されていた

奥松島クラブハウス
住所：宮城県東松島市野蒜字北余景15-1
ＨＰ：https://omch.jp/

Route#02
ブルーインパルス・グッズが
盛りだくさん

松島基地に向かって車を走らせ、跨線橋を越えると戦闘機が見えてきます。実際にブルーインパルスで使われていた T-2 が鹿妻駅前に置かれていて「ブルーインパルスのホームにやってきた」と感じることができました。

1995年までブルーインパルスにはT-2が使われていた。展示されている128号機は1983年に補充された機体。定期的に清掃や塗装が行われ、きれいな状態を見ることができる

横風時に使用する南北方向の滑走路北端付近で、グッズショップに寄りましょう。「RUNWAY 15 END」は、海苔屋さんが始めたブルーインパルスグッズを中心とした飛行機グッズのショップ。店内にはレアなグッズや、ドルフィンライダーのサインなどもあるので、ブルーインパルスファンは必見です。

海苔の直売をしながら、ブルーインパルスが好きなことからグッズショップを開いたという。店内には所狭しと商品だけでなく、店主が集めたという航空機関連のグッズが並ぶ

Runway 15 END
住所：宮城県東松島市矢本一本杉209
ＨＰ：https://www.facebook.com/RUNWAY15END/

矢本駅前のブルーインパルス通りに面する店舗。イートインコーナーもあり、季節で変わるスムージーで一息できる。ブルーインパルス通りは、マンホールや青いポストなど、散策しても楽しい

東松島あんてなしょっぷ まちんど
住所：宮城県東松島市矢本字河戸342-2
ＨＰ：https://www.machindo-higamatsu.com/

さらに松島基地の最寄り駅になる矢本駅前にクルマを停めて「あんてなしょっぷ まちんど」にお邪魔します。ここでは地元近隣で作られたブルーインパルスをテーマとした食材なども買うことができます。

Route#03
なんと
ブルーインパルスに会えた！

「航空祭のために展開していたブルーインパルスが、そろそろ松島基地に帰り着くよ」と連絡が入ります。東松島市に住む友人の案内で、市が設置している「ブルーインパルス観覧駐車場」へ移動し、堤防を上っていくとブルーインパルスの格納庫のすぐ近くにでることができます。

東松島市が設置した駐車場で、無料で100台駐車できることから、利用しやすい。格納庫が目の前のため、パイロットが手を振ってくれることも

ブルーインパルス観覧駐車場
住所：宮城県東松島市矢本字下前136-3地

しばらくすると友人が「見えてきた！」と。東の空に小さくT-4の編隊が見えてきて、滑走路に向かって高度を下げてきます。目の前を通り過ぎて、3機が着陸していきます。続く3機は、横風時に使用する補助滑走路へ着陸。6機のT-4がエプロンに向かって、視界の奥から誘導路を登ってきます。整然と並んで行進してくるような

タクシーのまま、スポットに機体が停まりエンジンが止まり、パイロットが降りてきます。エプロンの様子を間近に見ることができるので、ブルーインパルスの姿を堪能することができました。

Route#04
日が暮れていく
東松島

松島基地でブルーインパルスを見られたら寄りたくなるのが「大勇堂」です。「松島基地司令が全国に持ち歩けるお土産」として生まれた「矢本銘菓ブルーインパルス」はマストバイ。お店に飾られたF-2の写真も堪能して、店を後にします。

そうこうしているうちに日は暮れて。矢本の街に戻って夕食を取ることになりました。何度も松島基地を訪れている友人のオススメ「レストランぱらだいす」へ。西海岸風にネオンサインの店構え、ブルーインパルスの写真が飾られていて、まさに「ブルーインパルスの街のレストラン」。席に着いてメニューを開くと洋食から和風定食まで色とりどり。喫茶店好きの私はナポリタンを頼んで、しっとりと流れるJAZZをBGMに、旅の疲れを忘れてるように、のんびりと食事をさせていただきました。

震災前から松島基地の正門から近い場所に店舗を構え、松島基地との縁は長い。「銘菓ブルーインパルス」の他にも、ブルーインパルスをテーマとしたパンや飴などもあり、ブルーインパルス観覧後には必ず訪れたくなる

大勇堂
住所：宮城県東松島市矢本蜂谷浦25
ＨＰ：https://daiyuudou82.base.shop/

戦後ビアホールでしたが、米軍の撤退後に食堂に変わり、現在はレストランとして、洋食を中心に食事を楽しめるお店になっている。松島基地の隊員も利用することがあり、基地の街のレストランの雰囲気を感じながら食事を楽しむことができる

レストラン ぱらだいす
住所：宮城県東松島市矢本字河戸24
ＨＰ：https://www.facebook.com/yamotorestaurantparadise/

✈ | 航空祭

自衛隊の各基地で開催される基地祭。特に飛行隊のある基地では航空祭として、さまざまな飛行機が飛ぶ姿を見ることができます。F-2が鮮やかに飛ぶ姿を見るために、でかけてみましょう。

1 | パイロットに聞いてみる

マーズさん

ジオスが築城基地の航空祭で掲出した解説イラストが話題になっているのを知って、オマージュという形で百里基地で掲出したのがはじめです。自衛隊の飛行機が好きな方がSNSで拡散してくれることで、広報に寄与できているのではないかと思います。

ジオスのことは、鉄道が好きという共通点も含めて、以前から知っていました。実際に会ったのは2019年の新田原基地の航空祭が初めてです。私は第301飛行隊から、ジオスは第8飛行隊から展示飛行のために訪れていて、新田原基地の第305飛行隊も参加して3つの飛行展示解説イラストを掲示して、航空祭の盛り上げに寄与させていただきました。

2023年の松島基地航空祭でもマーズさんのイラストによる展示飛行解説が掲出された

2019年の新田原基地エアフェスタで初会合したマーズさん[左]とジオスさん[右]。当時マーズさんはF-4EJ改を運用していた301飛行隊に在籍していたのでハンドサインも「301」になっている

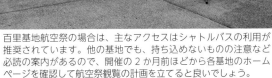

2022年の百里基地航空祭の様子です。当日はあいにくの曇天でしたが、ストレーキや翼端からベイパーを発生させて旋回するF-2の鮮やかな姿を見ることができました。エプロンには、F-2と搭載可能な兵器をずらりと並べた展示や、他の基地から展開してきた航空機が並べられて、午前8時30分の開場から午後2時の終了時間まで広い基地の中を歩き続けることになるほどの見応えです。

百里基地航空祭の場合は、主なアクセスはシャトルバスの利用が推奨されています。他の基地でも、持ち込めないものの注意など必読の案内があるので、開催の2か月前ほどから各基地のホームページを確認して航空祭観覧の計画を立てると良いでしょう。

松島基地

百里基地

岐阜基地

築城基地

ジオスさん

　現在の展示飛行のパターンは、私が考案しています。航空祭に来てくれた人たちに楽しんでもらえるように考えています。もともと、自分が航空祭を楽しむ側だったので「こういうのがあったらいいな」と自分で思えるもることをやるようにしています。他の基地の航空祭に展示飛行パターンを提供することもしました。

　飛行隊に配属になってから5,6年経ってから展示飛行の内容を考えるようになったのですが、その時点で、できること・できないことは分かっていました。併せて、規則などを確認することで、具体的な飛行パターンを考えて、その通りに飛んでもらったのをエプロンの真ん中から見て、危なくない範囲で迫力があるように調整しています。危なくない理由や規則に則っていることを説明することで、任せてもらっています。

　機動飛行の説明イラストは、同飛行隊のパイロットにテストで飛んでもらう時に説明するために絵を描いたものをもとに、展示飛行を見てくれている人のためにグレードアップしたものです。芦屋基地での基本操縦課程で、教育を受けた内容をイラストで描いたこともあり、それ以後も度々、絵で描いたほうがわかりやすいものは絵にしていたので癖になっていました。他の航空祭でも真似してもらうようになったのは、それでお客さんが楽しんでもらうことにつながっているように感じていて、良いことだと思います。真似された分、私は新たな挑戦として催しを企画しています。

　エプロンや基地周辺で見てくれている人の様子は、F-2のコクピットからもよく見えます。柵の外に人影が見えた時は平日休みの時に、F-2の見え方を知るために訪れてみたりします。

　演目の合間に編隊を整えるのをジョインナップといいます。F-2は減速しにくい機体なので、後ろから追いかける機体が加速して追いつくと追い越してしまうので、追われる側の編隊長も考慮して飛行しなければいけません。会場上空に戻ってくる時間を、私が指定しているので、編隊長には苦労を掛けています。

PLASTIC MODELS

F-2A 第3飛行隊
Built by : Kuranny
X : @Kuranny3
Kit : ハセガワ 1/48

【爆、攻、戦。】
Built by : JGJA
X : @AK2jgja
Kit : ハセガワ 1/72

平成25年度戦技競技会優勝記念
Built by : Norick
X : @Norickapex1220
Kit : ハセガワ 1/72

SAKURA
Built by : たにくままん
X : @zinmami18
Kit : ハセガワ 1/72

F-2戦闘機
Built by : たまげの翁
X : @0213_yurusite
Kit : ハセガワ 1/48

航空自衛隊 次期支援戦闘機FS-X
Built by : 石原雅治
X : @alphonse221z
Kit : ハセガワ 1/72

来なかった未来
Built by : からあげな
X : @ITEM87177
Kit : ハセガワ 1/72

国連平和維持軍
Built by : けいさん
X : @key_sung21
Kit : ハセガワ 1/48

F-2B 101号機
Built by : BKR
X : @nite103
Kit : ファインモールド 1/72

アグレッサー
Built by : わいじん
X : @waijinf2
Kit : ハセガワ 1/48

F-2B #112 ADTW
Built by : kon_air
X : @-
Kit : ハセガワ 1/72

親亀に子亀、さらに子亀。
Built by : 西野 かおる
X : @honda_dohc_vtec
Kit : ハセガワ 1/48、エフト
イズコンフェクト 1/144、
アオシマ 1/700

F-2A 制空迷彩
Built by : ウラキ
X : @49_8430
Kit : ハセガワ 1/48

-
Built by : ねこここ
X : @-
Kit : ハセガワ 1/72

F-2B改
Built by : ひでひで
X : @feX8IH6DsqJVBgE
Kit : ハセガワ 1/72

天翔けるF-2B
Built by : らゃんだぁ
X : @mBY5IWgEY5a9Zoz
Kit : ハセガワ 1/72

F-16G
Built by : BKR
X : @nite103
Kit : カフェレオ 1/144、
トミーテック 1/144

フェイズ検査
Built by : よりさん
X : @yoriko0620
Kit : ハセガワ 1/72

ブルーより青い。
Built by : イムハタ
X : @B7rO3
Kit : ファインモールド 1/72

PLASTIC MODELS

143

航空自衛隊 F-2 ファンブック

2024年2月3日 初版発行

著者	小泉 史人 コイズミ フミト
イラスト	にしにし
撮影・コーディネート	稲葉 浩一
撮影	中村 俊彦 Asa 清田 明美 木村 和彦
デザイン・編集	株式会社 創美
協力	航空自衛隊 航空幕僚監部 広報室 第8航空団 司令部 監理部 基地渉外室 広報班 第8航空団 飛行群 第6飛行隊 第8航空団 飛行群 第8飛行隊 松島基地 司令部 監理部 渉外室 広報班 第4航空団 第21飛行隊 THUNDERBIRD inadoubunker 奥松島クラブハウス RUNWAY 15 END 東松島あんてなしょっぷまちんど 大勇堂 レストラン ぱらだいす TOSHIT MOKEO
発行者	福本 皇祐
発行所	株式会社 新紀元社 〒101-0054 東京都千代田区神田錦町1-7 錦町一丁目ビル2F Tel 03-3219-0921 / Fax 03-3219-0922 http://www.shinkigensha.co.jp/ 郵便振替 00110-4-27618
印刷・製本	株式会社シナノパブリッシングプレス

[カバー写真：中村 俊彦／表紙写真：稲葉 浩一]

取材でお世話になった隊員の皆さん

築城基地渉外室の皆さん

松島基地渉外室の藤江さん